New Media

新媒体·新传播·新运营 系列丛书

U0234274

Photoshop

新媒体美工设计

视频指导版

庄涛文　劳小芙　李娇 ◉ 主编

王晗　王存 ◉ 副主编

人民邮电出版社

北　京

图书在版编目（CIP）数据

Photoshop新媒体美工设计：视频指导版 / 庄涛文，劳小芙，李娇 主编. — 北京：人民邮电出版社，2020.8（2024.1重印）
（新媒体·新传播·新运营系列丛书）
ISBN 978-7-115-54003-4

Ⅰ. ①P… Ⅱ. ①庄… ②劳… ③李… Ⅲ. ①图像处理软件 Ⅳ. ①TP391.413

中国版本图书馆CIP数据核字(2020)第081210号

内 容 提 要

互联网的迅速普及，衍生出了"新媒体"这个针对移动终端的新兴行业。本书从新媒体美工的角度出发，以设计理论和实战案例相结合的方式，对新媒体美工的设计思路和设计方法进行介绍，并让读者进一步学会利用 Photoshop 软件进行新媒体美工设计。全书共 9 章，主要包括初识新媒体美工，新媒体美工设计的基本原则与基本要素，新媒体美工的文字设计、图片设计与视频设计，微信平台设计、移动端淘宝店铺设计和其他平台设计。

本书可作为高等院校新媒体美工相关课程的教材，也可供有志于或者正在从事新媒体美工相关工作的人员学习和参考。

◆ 主　　编　庄涛文　劳小芙　李　娇

副 主 编　王　晗　王　存

责任编辑　古显义

责任印制　王　郁　马振武

◆ 人民邮电出版社出版发行　　北京市丰台区成寿寺路 11 号
邮编　100164　　电子邮件　315@ptpress.com.cn
网址　https://www.ptpress.com.cn
涿州市殷润文化传播有限公司印刷

◆ 开本：700×1000　1/16
印张：14.25　　　　　　　　　2020 年 8 月第 1 版
字数：295 千字　　　　　　　2024 年 1 月河北第 5 次印刷

定价：69.80 元

读者服务热线：(010)81055256　印装质量热线：(010)81055316
反盗版热线：(010)81055315
广告经营许可证：京东市监广登字 20170147 号

PREFACE

前　言

一、编写目的

新媒体的迅猛发展既改变了信息的传播渠道与方式，也给人们的生活带来了巨大的影响。与传统媒体相比，新媒体不仅具有个性化突出、可选择性强、表现形式多样等特点，还具有交互性强、全息化、数字化、网络化等优势。

随着新媒体行业的不断发展，社交平台、直播平台、短视频平台等不断涌现。针对这些平台进行视觉效果的设计，已经成为新媒体工作的重点，新媒体美工从业人员就是这项工作的执行者。

本书由经验丰富的新媒体美工从业人员编写，系统地向读者讲解如何正确、合理地进行新媒体内容的设计。本书从"学以致用"的角度出发，先讲解基础知识，再对新媒体美工应掌握的设计方法进行介绍，最后通过不同平台的设计讲解，让读者更好地了解、学习和掌握新媒体美工的相关知识。

二、本书内容

本书对新媒体美工的知识和技能进行了详细讲解，主要内容分为新媒体美工基础、新媒体美工设计要素、主流新媒体平台的美工设计3个部分。

- **新媒体美工基础（第1章～第3章）**，主要对新媒体美工的基础知识进行介绍，包括新媒体美工的工作流程、设计准则和设计要素等。
- **新媒体美工设计要素（第4章～第6章）**，主要从文字、图片和视频的角度进行介绍。讲解文字时先讲解文字的设计要求，再对标志文字、海报文字和封面文字的设计方法进行介绍。讲解图片时，先讲解开屏广告图的制作方法，再对Banner的设计方法进行介绍。讲解视频时，先讲解拍摄视频的方法，再对视频的制作方法进行介绍。
- **主流新媒体平台的美工设计（第7章～第9章）**，主要对微信、淘宝、今日头条、微博、喜马拉雅、抖音、虎牙直播等多个平台的界面设计方法进行介绍。

三、本书特点

1．内容翔实，理论与实操相结合

本书从新媒体美工的基础知识入手，全面地介绍了新媒体美工所涉及的知识和技能，由浅入深、层层深入。同时本书内容由设计知识和实战案例组成，能让读者更好地结合理论与实际，快速掌握新媒体美工的工作技能，设计出更吸引用户的视觉效果。

2. 案例丰富，实战性强

本书结合新媒体美工岗位的实际需求进行设计，知识讲解与实战案例同步进行，并且每章都设计有"实战案例"和"课后习题"，让读者可以借鉴实战案例进行设计，也可以在其基础上进行扩展练习，希望读者能够在实际操作中加深理解新媒体美工的相关知识，掌握岗位技能，做到学以致用、举一反三。

3. 覆盖主流新媒体平台，可参考性强

本书不仅介绍了新媒体美工设计的工作流程、基本原则、基本要素及文字、图片和视频的设计方法，还对微信、淘宝、今日头条、微博、喜马拉雅、抖音、虎牙直播等多个新媒体平台的界面设计方法进行了详细介绍。通过学习，读者可以掌握不同新媒体平台的界面设计方法。

4. 形式新颖，提供微课视频

为了帮助读者尽快掌握新媒体美工的相关知识，本书不仅图文并茂，还设计有丰富的小栏目。其中，"经验之谈"栏目是与新媒体美工相关的经验、技巧，"新手试练"栏目则是对所学知识的训练。同时，对于重点实战案例，本书采用二维码形式嵌入微课视频资料，读者可以通过手机等移动终端设备扫码观看，以提高学习效率。

5. 配套资源丰富，附加值高

本书配备有PPT、素材和效果文件、教学大纲、教学教案、练习题库等资源，读者可以登录人邮教育社区（www.ryjiaoyu.com）免费下载使用。

四、编者留言

本书由庄涛文、劳小芙、李娇担任主编，王晗、王存担任副主编。由于编者水平有限，书中难免存在不足之处，欢迎广大读者批评指正。

编者
2020年4月

CONTENTS

目 录

第1章

初识新媒体美工

　　从微博、微信，到短视频平台的发展可以看出，新媒体正逐渐成为媒体形态的主流。因此，美化新媒体展现效果的新媒体美工也将成为热门职业。本章将对新媒体美工的基础知识进行介绍。

1.1 认识新媒体美工

新媒体是相对于电视、广播、报纸等传统媒体而言的新的媒体形态。新媒体美工则需要对新媒体传播过程中所使用到的画面效果进行美化，使其更容易被用户了解与接受。本节将对新媒体美工的基础知识进行介绍，包括什么是新媒体美工、新媒体美工的技能要求、新媒体美工需要注意的问题。

1.1.1 什么是新媒体美工

新媒体是指在各种数字技术和网络技术的支持下，通过计算机、手机、数字电视等各种网络终端，向用户提供的一个可以交互的平台，如微信、微博、今日头条、一点资讯、知乎、豆瓣、快手等。其呈现的视觉效果影响着企业公关、品牌推广、产品宣传、增粉引流的效果。新媒体美工需要针对这些具有传播性的新媒体平台，通过图片的美化与版式布局的设计和制作，给用户呈现更加舒适的视觉效果。图1-1所示为新媒体美工设计的界面效果。

图1-1　新媒体美工设计的界面效果

1.1.2 新媒体美工的技能要求

新媒体美工的发展较好、薪资较高，就业前景也非常广阔。要想成为一名合格的新媒体美工，需要具备以下技能。

① **敏锐的网感能力**。网感一般是指对互联网信息的感知能力。新媒体美工网感能力的应用主要体现在两个方面：一是将具有话题性的内容融入设计中，用有话题热度的内容来吸引用户；二是更快速地把控潮流风向，将其与用户的需求相结合，使设计后的视觉效果更能吸引用户。需注意网感能力并不是与生俱来的，个人的思维方式与兴趣等都

会影响网感能力的形成，新媒体美工可多阅读时事新闻、观察不同网站的内容展现方式，从而逐步提高自己的网感能力。

② **优秀的创意能力**。新媒体美工还要具有创意。好的创意不只是效果的美观度，还是通过创新的话题展现方式，不断地给用户带来新鲜感，以吸引用户长久关注。因此新媒体美工人员在进行设计时，要将创意体现出来，这样才能使作品更具有吸引力。

③ **熟练运用软件的能力**。所谓"工欲善其事必先利其器"，新媒体美工在设计时还需要运用一些图形图像编辑与制作软件，如 Photoshop、CorelDRAW、Illustrator 等，熟练使用这些软件可提升新媒体画面效果的美观度。当然，除了这些软件，新媒体美工还需要掌握寻找热点、构思选题、图文排版、制作音频视频等的软件。新媒体美工应该熟悉每个环节可用的工具及其使用方法，这样才能高质量、高效地完成各项工作。

图 1-2 所示为招聘网站中某企业对新媒体美工的岗位要求，结合这些内容与前文的介绍，读者可以对新媒体美工的技能要求有一个更明确的认知。

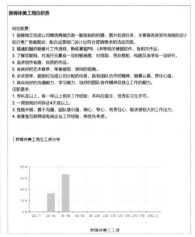

图1-2 某企业的新媒体美工岗位要求

1.1.3 新媒体美工需要注意的问题

作为决定企业营销效果的因素之一，新媒体美工不仅需要在设计效果上下功夫，还需要了解和掌握设计内容的基本信息，牢记设计的注意事项。下面对新媒体美工需要注意的问题进行介绍。

① **明确设计的思路**。在进行视觉效果的设计前，新媒体美工需要有明确的思路，即确定一个"大框架"，在该框架中写明设计的目的、需要体现的内容、可以选择的元素等内容，为后期的设计做好准备，使展现的效果既美观又真实，还能牢牢抓住用户的眼球。

② **分清展现内容的主次**。设计时，新媒体美工切忌为了追求漂亮、美观的效果，而对画面进行过度的美化，这样会使画面的主体内容不够突出，掩盖画面的真实设计目的，

起到适得其反的作用。

③ **具有实用性**。画面的设计不仅要进行合理的色彩搭配，以美观来吸引用户，还需要具备一定的实用性，如是否能为用户带来较好的操作和控制体验、重要的信息是否能在主界面中展现、功能设定是否简明扼要等。

④ **注重图片的品质**。在新媒体设计中，图片的品质影响着画面的最终呈现效果，品质较好的图片可以让画面显示更清晰、美观，也更能够提升画面的质感。反之，如果图片非常模糊、品质较差，则会影响用户的视觉体验，从而降低用户对画面的好感度。

1.2 新媒体美工的工作流程

一个优秀的新媒体美工不但可以将企业或商品需要表达的内容展现出来，而且能提升用户对企业的好感度。那么作为新媒体美工，其工作流程又是怎样的呢？下面进行详细的介绍。

1.2.1 明确设计目的

明确设计目的是进行新媒体美工设计的前提条件，如果没有明确的设计目的，那么设计出的效果将毫无意义。新媒体美工设计的目的是什么呢？主要是对商品进行推广、引流，或是树立企业形象，以提高用户对其的认可度。在设计开始前，新媒体美工需要明确设计目的，以方便后续的设计与制作。图 1-3 所示为明确设计目的后设计的图和未明确设计目的的设计的图的对比，左图是房地产的宣传海报，该海报以"家"为主题，通过"团圆有院＝则有味"文字体现出了"家"的重要性，从中体现出设计该房地产宣传海报的目的；而右图只对冰激凌进行了展现，主题体现得不明确，设计目的也不清晰。

图1-3　明确设计目的和未明确设计目的的图片对比

1.2.2 素材的搜集

当明确了设计目的后，即可根据设计目的选择性地进行素材的搜集。素材搜集包括图片、视频的搜集和信息的搜集等，下面对不同素材的搜集方法进行介绍。

① **图片、视频的搜集**。在新媒体设计中，图片和视频素材有的用于画面背景的制作，有的用于模块、交互的制作。图片和视频素材主要通过 3 种方式进行获取，分别是：网上搜集、实物拍摄、手绘。网上搜集是指进入互联网上的素材网站，如千图网、花瓣网等，搜索需要的图片和视频素材进行下载。注意：网站中很多图片和视频不能商用，在使用时要注意版权的问题。图 1-4 所示为将从互联网上下载的素材应用到画面中的效果。这些素材可用于不同的背景中，达到美化场景、提升画面质感的目的。实物拍摄是搜集素材的常用方法，企业或商家可以根据自身情况对企业场景、文化、商品等进行拍摄，以加深用户对企业或商家的印象，为新媒体美工后期的制作提供主要素材。图 1-5 所示为人物场景和风景效果的展现，能够吸引用户关注。除了以上两种方式外，若需要使用形状或是矢量效果进行展现，则还可使用手绘的方式，即美工自己绘制需要的设计素材，以使设计与需求更加契合，使主题展现得更加明确。图 1-6 所示为绘制的场景素材。

图1-4 从互联网上下载的图片素材及其应用后的效果

图1-5 人物场景和风景效果的展现   图1-6 绘制的场景

② **信息的搜集**。这里的信息可以是商品的信息也可以是企业的信息。商品信息的搜集内容主要包括商品的品种规格、功能特点、质量状况、价格水平、能耗物耗、使用方法、维修方法、售后服务等，以及商品的生产、流通、消费等情况。而企业信息的搜集内容则包括企业的组织结构、企业文化、发展方向等。在搜集信息的过程中要注意广泛性、准确性、及时性、系统性等，这样才能使搜集到的信息更符合设计需求。

1.2.3 素材的处理与整合

当完成了素材的搜集后，并不是所有的素材都能直接使用，还需对其进行简单的处理，如图片素材需要裁剪掉不需要的区域、修复污点、调整色调、抠取部分素材等，视频素材则需要进行剪辑与美化。将素材图片进行色调的调整，然后再添加文字内容，如图 1-7 所示。

图1-7 素材图片的处理过程与后续的设计效果

当完成了信息的搜集后，新媒体美工即可对搜集到的信息进行整合。如搜集好图片素材后，可先对同类图片素材进行整合处理，并在设计时通过图文的结合与版式布局，将多张素材图片整合在一个画面中，然后添加文案信息描述，使其融合在一起，这样既美观又能体现出设计的主题。在进行视频的整合时，可将多个同类型的不同视频通过剪辑整合到一起，可在其中添加音乐和文字来提升整个视频的可读性和趣味性，以吸引用户观看。图 1-8 所示为搜集的图片素材与夏日主题海报完成后的效果。在制作前先搜集了冰块、海水、西瓜等与夏天有关的图片素材，再通过对图片素材的整合，添加编写好的文案，完成后的效果更加美观。

图1-8 从互联网上下载的图片素材及其应用后的效果

1.3 实战案例

经过前面的学习，读者对新媒体美工的基础知识和工作流程有了一定的了解，接下来可通过实战案例巩固所学知识。

1.3.1 实战：小年夜活动海报的素材搜集与整合

实战目标

本实战将对小年夜活动海报的素材进行搜集与整合，先搜集契合"小年夜"主题的素材，并准备相关文字，然后将其整合在一起形成活动海报。图1-9所示为小年夜活动海报素材及其整合后的效果。

实战思路

根据实战目标，下面对小年夜活动海报素材的搜集与整合方式进行讲解。

步骤 01 搜集与新年有关的素材，包括灯笼、浮云、窗花形状等（配套资源:\素材\第1章\小年夜素材.psd）。

步骤 02 将灯笼、浮云、窗花等素材进行整合，使其组成小年夜活动海报背景。

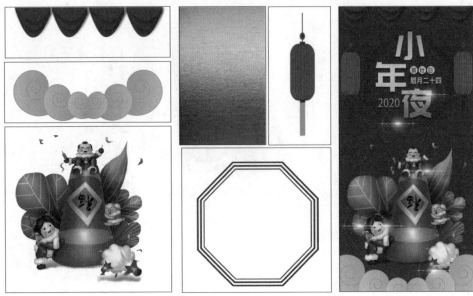

图1-9 小年夜活动海报素材及其整合后的效果

步骤 03 在背景中融入小年夜的相关文字，添加装饰素材，如金箔。对文字与金箔素材进行整合，完成后可发现整个效果不但美观，而且新年气息浓厚（配套资源：\效果\第1章\小年夜界面.psd）。

1.3.2 实战：分析端午节素材处理前后的效果

实战目标

本实战将对图1-10所示的端午节素材处理前后的效果进行对比分析，巩固素材处理与画面设计的相关知识（配套资源：\素材\第1章\端午节素材.psd、端午节Banner其他素材.psd）。

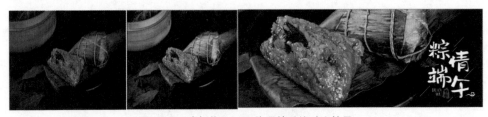

图1-10 端午节Banner处理前后的对比效果

实战思路

根据实战目标，下面分析端午节素材处理前后的对比效果。

步骤 01 查看搜集到的端午节素材，可发现其整体效果比较暗沉、对比不够强烈，若需要使用该素材，则需要先对其明暗度进行调整。

步骤 02 查看端午节素材处理后的效果，可发现图片内容主次分明，属于高品质的效果图片。

步骤 03 将处理后的素材运用到 Banner 中，并添加文字，此时可发现整体效果较好，主体内容明确，符合展现要求（配套资源：\ 效果 \ 第 1 章 \ 端午节 Banner.psd）。

1.4　课后习题

　　搜集、整理与旅行相关的素材并进行整合（配套资源：\ 素材 \ 第 1 章 \ 旅行海报素材 .psd），要求最终画面效果美观，且符合"旅行"主题。图 1-11 所示为搜集的旅行海报素材及其整合后的参考效果（配套资源：\ 效果 \ 第 1 章 \ 旅行海报 .psd）。

图1-11　搜集的旅行海报素材及其整合后的效果

第2章

新媒体美工设计的

基本原则

　　新媒体美工设计不只是形状和文字的组合，还是美学和设计理念的展现。在进行设计前，新媒体美工需要掌握设计的基本原则，以使设计效果更美观、更符合用户需求。下面对新媒体美工设计的基本原则进行介绍。

2.1 新媒体美工设计准则

　　新媒体美工不仅需要做好设计的前期准备工作，还需要掌握一定的设计准则，包括了解用户的需求、具备视觉创意、突出行业属性等。掌握这些设计准则可以帮助新媒体美工更好地进行设计。

2.1.1 了解用户的需求

　　新媒体的不断发展，使其媒体格局、舆论生态、用户对象、传播技术都在发生变化。为了更好地传播信息、实现营销目的，在进行设计前，新媒体美工需要了解企业目标用户的特征和需求，以便对他们进行有针对性的设计与传播。下面对了解用户需求的常见方式进行介绍。

　　① **通过互联网和移动互联网了解用户需求**。在互联网和移动互联网的影响下，用户需求变化的一个重要方面就是媒体接触时间与方式的变化。在用户的生活中，除了看电视、看报纸、逛街、差旅等传统行为外，上论坛、写博客、收发短信、发微博、收发微信等由互联网与移动互联网创造的生活方式已成为用户的主流生活方式。此时新媒体美工可通过用户的浏览习惯了解用户的需求，从而有针对性地进行设计。

　　② **通过第三方新媒体平台了解用户需求**。新媒体美工还可借助第三方新媒体平台中的数据进行分析和研究，如神策数据、生意参谋和西瓜助手等平台，了解用户爱看什么类型的内容和竞争者近期发布内容的浏览情况。根据需求对内容进行设计，这样设计出的效果更能满足用户的需求。

2.1.2 具备视觉创意

　　在进行新媒体的效果设计时，除了要满足企业对设计的需求外，还要根据热点、某个时间或是某个事物进行创意性的设计，这样设计出的效果才更具有吸引力，更能引起用户的关注与浏览。创意来源于生活，在进行设计时，常常会经过调研、概念提取、策略推导、创意设计、实施执行等步骤。其中，创意是提升设计效果的关键因素，只有具有品牌识别性、能提升用户兴趣的视觉创意，才是具有行销力的创意设计。图 2-1 所示为一款美食 App 的海报，该海报以"合家团圆"为创意点，通过一家人团圆分享美食的场景，契合未能回家与家人团圆的用户的需求，促使其点进海报进行查看。图 2-2 所示为一款促销 App 的海报，该海报以用户对新产品的迷茫为创意点，通过人物背后的文字、人物的动作等将新手在接受新事物时的顾虑体现出来，再通过"新手上路怕亏空　一件代销探探路"文字来体现该 App 的主题，使用户产生浏览的冲动。这都是好的创意。

图2-1　美食App海报

图2-2　促销App海报

2.1.3　突出行业属性

　　每一个行业都有特定的属性，每一种属性都有着独特的展现形式。虽然没有明确的规定，但这些特定的行业属性影响着人们对事物的判断与取舍，如国有的、合资的、外资的、个资的等属于企业的行业属性，淑女、校园、韩版、欧洲站等属于服装风格的行业属性，纯棉、蚕丝、304不锈钢等属于材质的行业属性。因此，新媒体美工在进行设计时，一定要先分析此企业、商品或需要展现内容的行业属性，选择与行业属性相对应的素材或具有标识性的行业设计元素，再进行整体效果的制作，从而有效提高用户的识别度。图 2-3 所示为消费者权益日的开屏海报，该海报通过矢量人物中的"诚""维权""假"等文字将消费者权益日的主要内容展现出来，以此来体现本海报的主题。图 2-4 所示为情人节相亲大会的海报，该海报通过男女的卡通形象和爱心等具有代表性的素材，来表现人物间的关系，再通过"2.14 情人节相亲大会"文字来点明主题，使体现的内容更加明确。

图2-3　消费者权益日开屏海报

图2-4　情人节相亲大会海报

2.2 新媒体美工设计的原则

在进行新媒体设计前，新媒体美工需要先了解设计的基本原则，以保证后续设计工作的正常展开。下面对几个基本原则进行介绍。

2.2.1 统一识别

新媒体设计所涉及的文字、图形、色彩、布局等元素，在画面中应该呈现为相似的风格。如在进行小程序的界面设计时，小程序的封面、搜索页、会员中心页、宣传页等的整体设计风格要保持一致或具有相似性，以打造具有产品自身特色的新媒体设计风格，并与竞争对手形成差异，易于用户进行区分。

图2-5所示为某小程序首页、搜索页和会员中心页的截图。从图中可发现其文字字体、主要色彩、图形装饰等元素的风格都较为一致，页面中内容的展现方式都简单、有序，整体体现出一种简约、清新、整洁、舒适的风格，符合统一识别的基本原则。

图2-5 某小程序首页、搜索页和会员中心页的截图

设计前的统一识别是非常重要的，它影响着设计作品的整体设计风格与传递给用户的信息。只有结合企业文化、品牌形象等因素，打造出符合企业自身特征的设计风格，才能提高设计的效率。同时，统一识别也加强了企业自身设计风格对用户的影响，有助于用户形成对企业品牌的良好印象，能够提升品牌形象。

2.2.2　重复利用与简洁性

在新媒体中，需要设计的内容非常多，如促销广告、移动店铺设计、营销海报设计等。若对每个环节都进行设计、缺少整体的规划，则无法实现视觉体系的统一，也无法在用户心目中形成强有力的视觉记忆。此时，新媒体美工可重复利用相似属性的内容来进行快速设计，使其保持整体的统一，并对局部内容进行修改。特别是在进行页面、活动促销、界面设计时，为了便于识别和便于用户的了解与查看，新媒体美工可以先设计一个统一的样式，通过复制将其快速套用到其他区域中，然后修改其中不同的部分，或对其内部结构进行调整，使它们之间产生差异。这样不仅提高了设计效率，还使页面整体效果得到了统一，局部信息得到了突出。

图2-6所示为某品牌对不同的产品进行的同种样式的设计，从重复利用的角度进行分析，本例中的3张海报都采用了中心布局的方式，其文字的样式和商品的构图方式基本一致，区别仅在于背景颜色和商品内容的不同。

图2-6　某品牌不同商品的海报设计

简洁的设计可以帮助用户集中注意力，促使更多的用户阅读与查看。一个好的设计作品，需要对用户有吸引力，能提升用户的兴趣。在设计效果中展示一个单一的核心想法，是抓住用户眼球、提升用户兴趣的较好方式。

2.2.3　主次分明、中心突出

主次分明、中心突出是指对画面中的新媒体设计元素进行排列，并强调元素的主次关系。在新媒体设计中，有层次的展现设计元素非常重要，对色彩、字体、大小、造型等进行设计，区分出画面内容的主次关系，在视觉上形成层次感。这种设计方法可以有效引导用户按顺序阅读画面中的主次信息，将营销信息一层一层循序渐进地展示给用户，使其中心更加突出；可以加强用户对信息的接受能力与兴趣，最终打动用户，使用户产生购买行为。

图2-7所示为一张Banner效果，在粉红色的背景色中，采用深色调来突出显示促销商品和促销信息，促销信息中包含3行文字。其中，第1行文字位于用户视线的最顶层，放大文字字号来快速吸引用户视线；而第2行文字则通过颜色的对比来吸引用户的浏览；用户最后会看到最小的第3行文字，即促销内容的补充。同时，用户视线还会被圆左右两侧的商品所吸引，达到了吸引用户浏览的目的。

图2-7　Banner效果

2.2.4　合理搭配色彩

在新媒体设计中，色彩是影响用户视觉感官的第一要素。不同的色彩能够传递给用户不同的情绪，引起用户不同的心理感受，进而引导用户做出下一步决策。因此要合理搭配色彩，在带给用户强烈视觉冲击感的同时，准确传递营销信息给用户。

作为初学者，在进行色彩搭配时，可以参考一些色彩理论或借鉴经典作品的色彩搭配方案。下面介绍一些简单的色彩搭配原则。

① **以色相环为基础进行配色**。色相环是一种圆形排列的色相光谱，它按照颜色顺序对色相进行排列。可选择不同的区域来进行色彩搭配，如相邻色搭配、互补色搭配等。色彩搭配的前提是：先确定主色调，然后根据主色调来选择其他颜色。

② **以明度为基础进行配色**。明度是指颜色的明暗程度。每一个色彩的不同明度都能表现不同的感情色彩，高明度的色彩给人一种积极、热烈、华丽的感觉；中明度的色彩给人端庄、高雅、甜蜜的感觉；低明度的色彩给人一种神秘、稳定、谨慎的感觉。

③ **以纯度为基础进行配色**。纯度是指色彩的鲜艳度。色彩的纯度越高，颜色就越鲜艳、活泼，越能够带给用户更强的视觉冲击力和感官刺激;反之，纯度越低，色彩越平淡。在新媒体设计中，通常采用高纯度的色彩来突出主题，采用低纯度的色彩来表现次要部分。

运用这些方法进行色彩搭配时，还要结合企业或商品的定位、风格，用户的需求等进行考虑。新媒体美工可以根据色彩带给用户的感受将其整理成适合自己的配色表格，方便以后配色使用，如柔和、华丽、稳重、古典等感受。以绯红色为例，按照红色的浓淡程度，将其分为绯、绯红、深绯、浅绯 4 种配色方案，每种配色方案所代表的感情色彩分别为华丽、大胆、威严、温馨，如图 2-8 所示。

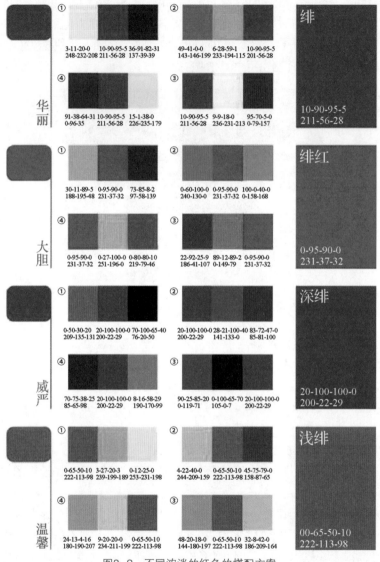

图2-8　不同浓淡的红色的搭配方案

2.2.5　合理运用字体

字体的重要性仅次于色彩，在进行新媒体设计时也要考虑字体带给用户的影响。一般来说，同一个画面中字体的种类最好保持在 2 ～ 3 种，否则会使画面变得复杂，影响用户对信息的接收。

字体在画面中一般可分为标题字体和正文字体。标题字体的文字数量较少，但字形设计比较突出，用以快速吸引用户的注意力。正文字体的文字数量较多、占用面积较大、字形变化较小，更强调易读性。因此，标题字体一般用于小区域的文本而非正文文本中，其样式比应用于正文的字体更为复杂华丽，这种复杂性决定了它更适用于小段标题或副标题。图 2-9 所示为一款封面图的效果，该效果以"新年月账单"为标题，字数较少，内容简练。该文字字体字号比其他文字的更大，用于突出活动主题。其余为活动内容的描述文字，字体字号较小，主要用于对活动进行描述，包括两个部分：一是体现时间和要做的事情；二是对活动内容进行补充，即"鼠年乐翻天""有奖活动"。总的来说，封面图中主要有两种字体，标题字体比较富有个性；其他字体则中规中矩，方便用户阅读。

图2-9　封面图效果

经验之谈

> 与色彩类似，不同的字体也会给用户带来不同的心理感受。关于色彩与字体的知识将在第 3 章更详细地讲解，这里只进行简单介绍。

2.3　实战案例

经过前面的学习，读者对新媒体美工的设计原则有了一定的了解，接下来可通过实战案例巩固所学知识。

2.3.1　实战：赏析某天气App的开屏界面

　实战目标

本实战将赏析图 2-10 所示的某天气 App 的开屏界面，主要是对其设计原则和效果进行赏析。

图2-10　某天气App的开屏界面

　　根据实战目标，下面对某天气 App 的开屏界面进行赏析。

步骤 01 从设计方式来讲，3 个开屏界面均采用了重复利用的设计原则，对不同的地点场景使用相同的表述方式，点明了需要表达的内容。

步骤 02 从设计标准来讲，3 个开屏界面都采用场景和诗句搭配的方式，来展现天气信息，如带有"大漠孤烟直，长河落日圆"诗句的开屏界面，在背景的选择上则选择的是沙漠的场景。

2.3.2　实战：赏析Banner中的设计亮点

💡 **实战目标**

　　本实战将赏析图 2-11 所示的装修 Banner 效果，主要包括其设计亮点、设计原则的应用赏析。

图2-11　装修Banner效果

💡 **实战思路**

　　根据实战目标，下面对该 Banner 进行赏析。

步骤 01 本例中的 Banner 主要是针对"装修"进行制作的，因此在背景的选择上，以都市的楼房为背景;在布局上，以文字为中心。这样不但主题内容明确，而且更具有识别性。

步骤 02 在色彩的搭配上，以黄色为主色，用不同纯度的黄色进行搭配，让整体色调统一、美观。

步骤 03 在文字的运用上，主体文字不但明确表明了内容，而且主次分明、中心突出。

2.4 课后习题

（1）从设计原则和设计效果的角度出发，对图 2-12 所示的 4S 店 Banner 进行分析。

图2-12　4S店Banner

（2）从设计亮点与设计原则的角度出发，对图 2-13 所示的不同系列的促销海报进行分析。

图2-13　不同系列的促销海报

第3章

新媒体美工设计的

基本要素

　　了解了新媒体美工设计的基本原则后，新媒体美工还需要掌握新媒体美工设计的基本要素，包括图形设计要素、设计展现要素等。图形设计要素主要包括点、线、面；设计展现要素主要包括色彩、版式布局和文字，掌握这些基本的设计要素能帮助新媒体美工设计出更美观、更具有吸引力的作品，能增强其作品对用户的吸引力。

3.1 认识图形设计要素

点、线、面是图形中最基本的三大要素，也是设计的基础。将这三者结合使用，能够构成丰富的视觉效果。下面分别对点、线、面进行介绍。

3.1.1 点

点是可见的最小的形式单元，具有凝聚视觉的作用，可以使画面布局显得合理、舒适、灵动且富有冲击力。点的表现形式丰富多样，既包含圆点、方点、三角点等规则的点，又包含锯齿点、雨点、泥点、墨点等不规则的点。点没有规定的大小和形状。画面中越小的形体越容易给人点的感觉，如漫天的雪花、夜空中的星星、大海中的帆船和草原上的马等。点既可以单独存在于画面之中，也可以组合成线或者面。

大小、形态、位置不同的点，所产生的视觉效果、心理作用也不同。在图 3-1 所示的左图中的云朵、圆、组合的文字皆可被看作点，这些点的组合构建出了简洁直观的画面；中间的图片以气球、彩带、云朵为点，将人物和优惠信息作为主体凸显了出来；右图将散落的点排列成不同的形状，很好地表现了倒计时的主题，给用户带来了直观的视觉体验。

图3-1 点的效果展现

3.1.2 线

线在视觉形态中可以用于表现长度、宽度、位置、方向和性格，具有刚柔相济、优美和简洁的特点，常用于渲染画面，引导、串联或分割画面要素。线分为水平线、垂直线、曲线、斜线。线的不同形态所表达的情感是不同的，直线单纯、大气、明确、庄严；曲线柔和流畅、优雅灵动；斜线活力四射，具有很强的视觉冲击。

图 3-2 所示为一款冬至手机海报，竖直的筷子即为直线，让整个画面既美观又生动。

图3-3 所示为一款课程播放 App 的界面，它通过富有童趣的曲线和生动的卡通形象来加强画面的灵动感，提升用户的视觉体验。图3-4 所示为某 App 中的界面，它通过斜线让画面变得更加灵动美观。

图3-2 冬至手机海报

图3-3 课程播放界面

图3-4 某App中的界面

3.1.3 面

点放大即面，线分割后产生的各种空间也可称为面。面有长度、宽度、方向、位置、摆放角度等特性。面具有组合信息、分割画面、平衡和丰富空间层次、烘托与深化主题的作用。在设计中，面的表现形式一般有两种，即几何形和自由形。

① **几何形**。几何形是指有规律的易于被人们所识别、理解和记忆的图形，包括圆形、矩形、三角形、菱形、多边形等，以及由线条组成的不规则几何要素。不同的几何图形能给人带来不同的感觉，如矩形给人带来稳重、厚实与规矩的感觉；圆形给人充实、柔和、圆满的感觉；正三角形给人坚实、稳定的感觉；不规则几何形状给人时尚活力的感觉。若背景采用不规则几何形状来切割画面，并与产品配合，则可以为画面营造出前后层次感，避免画面背景过于单调。图3-5 所示为不同几何图形的画面展现。左图通过大圆来展现场景信息，以提高整个画面的美观度；中图通过不规则形状，使文字展现得更加直观；右图通过倾斜的矩形框，让整个画面不仅具有设计感，还具有画面感。

② **自由形**。自由形来源于自然或灵感，比较洒脱、随意，可以营造出淳朴、生动的视觉效果。自由形可以是表达设计者个人情感的各种手绘形，也可以是曲线弯曲形成的各种有机形，还可以是自然力形成的各种偶然形。图3-6 所示为自由形的不同画面展现。左图为由随意线条组合而成的面，整体视觉效果流畅、自然，具有美观性；中图通过不同涂鸦形状的组合，让效果更具有美感和时尚感；右图通过手绘曲线线条的组合，使其形成带有线条感的面，给人以随意、生动感，让画面变得更加鲜活。

图3-5 不同几何图形的画面展现

图3-6 自由形的不同画面展现

新手试练

根据前面所学知识，分析微信中的促销页面，并对其中点、线、面的使用方法进行学习。

3.2 了解设计展现要素

一个完整的画面，除了要有点、线、面外，还需要使用色彩、版式和文字等设计要素来进行搭配和说明，以使整个画面更加美观。下面分别对色彩、版式布局和文字的基础知识进行介绍。

3.2.1 色彩

漂亮的色彩能够帮助用户建立起对展现效果的直观感受，能使画面看起来更加整洁、美观。因此不同色彩的合理搭配，更能提升用户对其的好感度。构成色彩的三要素、色彩的特性、色彩的搭配与调整、色彩的对比是新媒体美工设计的基础，下面分别对其进行介绍。

1. 构成色彩的三要素——色相、明度、纯度

色彩是照射到物体上的物理性的光反射到人眼视神经上所产生的感觉。人对色彩的感觉既由光的物理性质所决定，也会受到周围事物的影响。人眼所能感知的所有色彩现象都具有色相、明度和纯度（又称饱和度）3 个重要特性。它们是构成色彩的最基本要素，下面分别对其进行详细介绍。

① **色相**。色彩是由光波波长的长短所决定的，而色相就是指这些不同波长的色彩情况。各种色彩中，红色是波长最长的色彩，紫色是波长最短的颜色。红、橙、黄、绿、蓝、紫和处在它们各自之间的红橙、黄橙、黄绿、蓝绿、蓝紫、红紫共计 12 种较鲜明的颜色组成了 12 色相环，如图 3-7 所示。设计时直接使用色相环中的色彩搭配即可制作出色彩艳丽的画面效果。图 3-8 所示为不同色相在海报中的运用，红色、黄色和白色的组合，让画面对比鲜明，更具有吸引力。

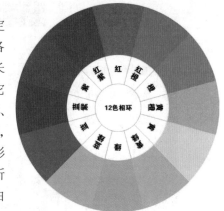

图3-7　12色相环

图3-8　红色、黄色和白色的组合展现

②**明度**。明度是指色彩的明亮程度，即有色物体由于反射光量的区别而产生颜色的不同明暗强度。通俗地讲，在红色里添加的白色越多则越明亮，添加的黑色越多则越暗。物体色彩的明亮程度会影响人对于物体轻重的判断，如看到同样重量的物体，黑色或者暗色系的物体会使人感觉偏重，白色或者亮色系的物体则会使人感觉较轻。明度高的色彩会使人联想到蓝天、白云、彩霞、棉花、羊毛和花卉等物体，产生轻柔、飘浮、上升、敏捷、灵活的感觉。图 3-9 所示为主体为高明度的效果展现，从明度的角度进行分析，其背景采用深浅不一的白色，让人产生一种干净、纯粹的感觉；用黄色进行搭配，让整个画面简单、协调；再通过明度较高的文字，让画面变得更有吸引力。明度低的色彩易使人联想到钢铁、大理石等，产生沉重、稳定、降落的感觉。图 3-10 所示为主体为低明度的效果展现，从明度的角度进行分析，其画面以深蓝色为主，整体色彩明度较低；但搭配红色、白色、浅蓝色等明度较高的颜色，又使整个画面不会显得低沉，同时增添了一些活力。

图3-9　主体为高明度的效果展现　　　　图3-10　主体为低明度的效果展现

③**纯度**。纯度（也叫饱和度）是指色彩的纯净或者鲜艳程度（下文统称为饱和度）。饱和度越高，颜色越鲜艳，视觉冲击力越强。饱和度的高低取决于该色中含色成分和消色成分（灰色）的比例。含色成分越高，饱和度越高；消色成分越高，饱和度越低。高饱和度、高明度、高对比度、色彩丰富的颜色会使人感觉华丽、辉煌；低饱和度、低明度、单调、弱对比度的色彩会使人感觉质朴、古雅。对新媒体而言，高饱和度的画面会给人热情、活力、健康、刺激、年轻的感觉，能带给用户非常强烈的视觉冲击。图 3-11 所示的 3 张图片分别使用了高饱和度的蓝色、橙色、紫色，再搭配高明度的白色，使图片画面具有非常强烈的视觉冲击力。

图3-11　不同纯度的效果展现

2. 色彩的特性

不同的色彩能传递不同的情绪，其具有的特性也不同。下面将对色彩的不同特性进行介绍。

① **色彩的情感性**。色彩对用户的视觉刺激可使用户产生不同的心理变化，不同色彩的搭配会使用户产生不同的情感联想，如绿色和白色的搭配会给人一种清新感，黄色和红色的搭配会给人一种华丽感等。新媒体美工在设计时要善于利用色彩的情感特点来增强画面的吸引力。图 3-12 所示为白色的花朵搭配绿色的树叶，给人一种清新、舒适的感觉。

图3-12　色彩的情感性

② **色彩的象征性**。色彩的象征性是指色彩在用户眼中的固有形象，选择某些特定的颜色，将更容易引起用户的共鸣。如绿色象征着安全、环保，多作为公益海报的常用色；又如粉色象征着甜蜜、温馨，常作为爱情、亲情等海报的常用色，如图 3-13 所示。

③ **色彩的强调性**。色彩的强调性是指因色彩的不同，整个画面会有强弱之分，从而能更直观地展现信息，如图3-14所示。该图用深色背景与高明度颜色构建出了画面的层次，然后设置不同的文字颜色来区分并强调文字。

3. 色彩的搭配与调整

画面中的色彩主要由主色、辅助色、点缀色组成，其中主色表达主要风格，辅助色补充说明，点缀色强调重点内容，下面分别进行介绍。

图3-13　色彩的象征性　　　　　　　　　　　　　图3-14　色彩的强调性

①**主色**。主色是画面中占用面积最大、最受瞩目的色彩，它决定了整个画面的风格。主色不宜过多，一般控制在 1 ~ 3 种颜色，主色过多容易造成视觉疲劳。主色不是随意选择的，新媒体美工需要在系统分析用户心理特征的前提下，选择用户易于接受的色彩。

②**辅助色**。辅助色的占用面积略小于主色，是用于烘托主色的色彩。合理应用辅助色能丰富画面的色彩，使画面效果更美观、更有吸引力。

③**点缀色**。点缀色是指画面中占用面积小、色彩比较醒目的一种或多种色彩。合理应用点缀色可以起到画龙点睛的作用，使画面主次更加分明、富有变化。

色彩的搭配并不是随心所欲的，而需要遵循一定的比例与流程。色彩搭配的黄金比例为"70:25:5"，其中，主色占总画面的70%，辅助色占25%，而其他点缀色占5%。色彩搭配的流程为：首先根据画面的布局选择占用面积大的主色，然后根据主色选择辅助色与点缀色，用它们来突出画面的重点、平衡视觉效果。图 3-15 所示为一款音乐海报，该海报的主色为深蓝紫色，辅助色为白色，点缀色为紫色、蓝色和黄橙色，整体效果不但时尚美观，而且契合主题。

图3-15　音乐海报的效果展现

4．色彩的对比

按照色彩的3要素进行划分，可将色彩的对比方式分为色相对比、明度对比、纯度对比3种，下面分别进行介绍。

① **色相对比**。色相对比是指因色相的差别而形成的对比。当画面中的主色确定后，需先考虑其他色相与主色的相关性，再考虑要表现什么样的内容才能增强整体画面的感染力。

色相对比的常见形式

② **明度对比**。明度对比是指利用色彩的明暗程度形成的对比。恰当的明度对比可以使人产生光感、明快感、清晰感。通常情况下，明暗对比较强时，画面清晰、锐利，不容易出现误差；而当明度对比较弱时，配色效果往往不佳，画面会显得柔和单薄、主体不够明朗。图3-16所示的画面主要通过红色的明度对比和蓝色的明度对比进行搭配显示，不但色彩艳丽，而且更具美观性和时尚感。

③ **纯度对比**。纯度对比是指利用纯度的强弱形成的对比。纯度对比较弱的画面视觉效果也就较弱，适合长时间观看；纯度对比适中的画面效果较和谐、丰富，可以凸显画面的主次；纯度对比越强的画面越鲜艳明朗、富有生机。图3-17所示即为纯度对比适中的画面效果，纯度适中的色彩对比，能使画面效果和谐、过渡自然，还能凸显画面的温馨感。

图3-16　明度对比的效果展现

图3-17　纯度对比适中的画面效果

3.2.2 版式布局

确定了色彩的搭配后，新媒体美工还需要对画面进行版式布局，以规划重点，建立起画面中各要素之间的联系，使用户能在画面中快速找到想要的东西，从而最大限度地吸引用户浏览。下面介绍几种常用的版式布局方式。

① **骨骼式布局**。骨骼式布局是一种规范、理性的布局方法，常见的骨骼式布局有通栏、横向和竖向 3 种。其中横向分为双栏、三栏、四栏，竖向分为双栏、三栏和四栏等，具体布局可根据诉求内容、信息量、图片与文字的比例等进行分配。图 3-18 所示为骨骼式布局，其通过横向四栏的方式对画面进行分割展现，这样不但美观而且布局合理。

② **韵律式布局**。除了理性的分割页面外，画面整体的韵律感也是非常重要的。与音乐中的韵律相似，画面也需要有节拍、节奏以及各种要素的组合，形成统一、连贯、舒适的整体效果。图形设计要素在形态上讲究点、线、面的规律性变化，画面的版式布局讲究疏密、大小、曲直等变化，这就如同音乐中的节奏韵律，赋予了画面活力和生命，也带给了用户更美妙的体验，如图 3-19 所示。在设计促销页面时，要特别注意画面的节奏感，不要将商品排列得太过紧密，还要注意结构的疏密有序。

图3-18 骨骼式布局

图3-19 韵律式布局

③ **流程式布局**。流程式布局以流程图的方式来展示信息。这种布局方式能清楚展示步骤、各个节点以及整体流向；再配合图片的展示，能够将枯燥的文字流程变得个性十足、充满趣味性，更方便用户浏览，如图 3-20 所示。

④ **放射式布局**。放射式布局是指以主体物为核心，将核心作为构图的中心点并向四周扩散的一种布局方式。这种布局方式可以让整个画面呈现出一种空间感和立体感，同时产生一种导向作用，将用户的注意力快速集中到展现的主体物上，使画面既极具冲击力又有非常强烈的引导作用，如图 3-21 所示。采用这种布局方式时要注意文字的排版，在文字较多的情况下，不建议采用这种布局方式。

图3-20　流程式布局

图3-21　放射式布局

3.2.3　文字

色彩能使画面变得生动，文字则能增强画面的表达效果，提高画面的诉求表现力，直接影响信息的展现与传达。下面对文字的字体和文字的设计原则等进行介绍。

1. 文字的字体

文字作为信息传播的主要途径，不仅能辅助传递信息、表达情感体验，还能起到塑造品牌形象的作用。文字主要通过字体的变化来进行不同表现，字体的选择则是由产品属性或品牌特性决定的。中文字体一般分为黑体、宋体、楷体、书法体、艺术体等；英文字体分为无衬线体、衬线体等；还有其他字体，如手写体等。下面分别进行介绍。

① **黑体**。黑体又称方体或等线体，它没有衬线装饰，字形端庄，笔画横平竖直，笔迹粗细几乎完全一致。黑体商业气息浓厚，其"粗"的特点能够满足用户对于文案字体

"大"的要求，常用于表现阳刚、气势、端正等含义。常用黑体有方正黑体简体、方正大黑简体等。部分黑体应用示例如图 3-22 所示。

图3-22　常用黑体

② **宋体**。宋体是比较传统的字体，其字形较方正、纤细，结构严谨，笔画横平竖直，末尾有装饰。宋体给人一种秀气端庄的感觉，其在保持极强笔画韵律性的同时，能够给用户一种舒适醒目的感觉。宋体类的字体有很多，如华文系列宋体、方正雅宋系列宋体、汉仪系列宋体等。部分宋体应用示例如图 3-23 所示。

图3-23　宋体

③ **楷体**。楷体是汉字字体中的一种，从隶书演变而来，是现行的汉字手写正体字之一，具有既起收有序、笔笔分明、坚实有力，又停而不断、直而不僵、弯而不弱、流畅自然的特点。部分楷体应用示例如图 3-24 所示。

图3-24　楷体

④ **书法体**。书法体是指具有书法风格的字体，主要包括隶书、行书、草书、篆书和楷书等类型的字体。书法体具有较强的文化底蕴，其字形自由多变、顿挫有力，力量中掺杂着文化气息，常用于表现古典文化等感觉，如图 3-25 所示。

⑤ **艺术体**。艺术体是指一些非常规的特殊印刷用字体，一般用于美化版面。其笔画和结构大都进行了一些艺术化处理，常用于商品海报或模板的标题部分，以提升海报或模板的艺术品位，如图 3-26 所示。常用的艺术体包括娃娃体、新蒂小丸子体、金梅体、汉鼎、文鼎等。

图3-25　书法体　　　　　　　图3-26　艺术体

⑥ **衬线体与无衬线体**。衬线体容易识别，它强调了每个字母笔画的开始和结束，因此易读性比较强；无衬线体则比较醒目。在整文阅读的情况下，适合使用衬线体进行排版，它易于提高换行阅读的识别性，以避免发生行间的阅读错误，如 Didot、Bodoni、Century、Computer Modern 等，如图 3-27 所示。无衬线体是指西文中没有衬线的字体，与汉字字体中的黑体相对应。与衬线体相反，该类字体通常是机械的和统一线条的，它们往往拥有相同的曲率、笔直的线条、锐利的转角，如图 3-28 所示。Adobe Jenson、Janson、Garamond 等字体均属于无衬线体。

⑦ **手写体**。手写体是一种使用硬笔或者软笔纯手工写出的文字。这种手写体文字，大小不一、形态各异，更具有美观性，如方正静蕾简体、叶根友字体、Kensington、Connoisseurs Typeface、Befindisa Script Font 等，如图 3-29 所示。

图3-27　衬线体　　　　图3-28　无衬线体　　　　图3-29　手写体

2．文字的设计原则

新媒体美工在实际工作中，往往需要将图像和文字进行组合，以达到更好的表现效果。文字的作用主要是介绍商品信息、渲染气氛、传达画面信息等。虽然在字体的运用上，新媒体美工可以大胆进行艺术的创新，以追求更好的视觉效果来调动用户的情绪，但依然需要遵循以下 3 点原则，下面分别进行介绍。

① **字体与画面风格相符**。在设计的过程中，需要根据画面的风格选择文字字体，如可爱风格的画面，可选择圆体、幼圆体等为主要字体，并选择少女体、儿童体和卡通体为辅助字体。若需要表现时尚个性，则可选择准黑和细黑等方正字体为主要字体，并选择大黑、广告体和艺术体为辅助字体。图 3-30 所示为某新店开业的海报，其主要文字为黑体，而"美食"文字则采用了艺术体进行美化。

② **增强文字的可读性**。为了通过文字达到向用户传达企业的意图与商品信息这一目的，需考虑文字在画面中的整体诉求，并给用户留下清晰、顺畅的视觉印象。因此，新媒体美工在运用字体时应避免文字太过杂乱，以保证用户的易辨识性和易懂性。图3-31所示的画面直接放大文字以凸显主体文本内容，是可读性较强的画面。

③ **增强排版的美观度**。在画面的制作过程中，文字是影响画面效果的主要因素之一。良好的文字排版不仅能向用户传递视觉上的美感，还可提升整个画面的品质，给用户留下良好的印象。图3-32所示的画面将文字居中显示，不但排版整齐，而且视觉美观度高。

图3-30　字体与画面风格相符　　图3-31　增强文字的可读性　　图3-32　增强排版的美观度

新手试练

　　观察图3-33所示的3种不同类型的海报，从色彩、版式布局和文字出发分析它们的优缺点。

图3-33　3种不同类型的海报

3.3　实战案例——对H5页面进行鉴赏

实战目标

　　本实战将对秋天音乐 H5 页面进行鉴赏,如图 3-34 所示。分析该页面中的色彩、文字、版式布局技巧,并对其展现方式进行阐述。

图3-34　秋天音乐H5页面效果

实战思路

　　根据实战目标,下面对 H5 页面进行鉴赏。

步骤 01　观察该 H5 页面,可发现整个页面均由几何形的面组合而成,其画面结构统一、美观。

步骤 02　在色彩的选择上,整个页面多使用高饱和度的橙色和黄色,这些颜色是秋天的代表色，既具有柔和感又具有视觉冲击力。

步骤 03 在版式布局上，整个页面采用骨骼式布局的方式，将内容分为不同的模块，以展示歌曲信息。其整体结构简洁且方便观看。

步骤 04 在文字的选择上，整个页面主要选用黑体为主要字体，页面的整体效果简明、美观，更能引起用户的浏览兴趣。

3.4 课后习题

（1）对图3-35所示的两张公众号封面图进行鉴赏，分析它们的色彩、文字应用技巧，并对它们的展现方式进行阐述。

（2）对图3-36所示的两张活动简章进行鉴赏，分析它们的版式布局和文字选择技巧，并对它们的展现方式进行阐述。

图3-35　公众号封面图

图3-36　活动简章

第4章

新媒体美工文字设计

文字作为新媒体美工设计的重点，不仅能提升设计作品的美观度，还能让需要表达的内容更加直观。下面以不同类型的文字设计为出发点，讲解标志文字、海报文字、封面文字的设计方法。

4.1 新媒体美工文字设计要求

文字是新媒体设计中不可或缺的一部分，是决定设计效果的关键。文字可以对商品、活动等信息进行说明和指引，并且文字通过合理的设计和排版后，信息展现会更加准确。本节将对新媒体美工文字设计要求进行介绍。

4.1.1 文字要易于识别

随着移动端的发展，用户用手机阅读的时间变得越来越长，这促使了用户对阅读的体验感要求越来越高。在新媒体的设计中，文字是影响用户阅读体验感的关键因素。因此，如何让文字易于识别是设计师需要重点考虑的问题。

首先，在文字的组词上，尽量使用用户熟悉的词汇与搭配方式，这样不仅可以避免让用户过多地去思考其含义，还能防止用户对文字产生误解，从而便于用户的识别。图4-1所示为对文字"年终巨惠"和"年终大促销"进行对比，后者更便于用户进行识别。

图4-1　熟悉的词汇与搭配方式

在文字的设计上，为了整体效果的美观性，往往会使用较为美观的字体。但是这些字体并不一定便于识别，此时应避免使用不常见的字体，因为这些缺乏识别性的字体可能会让用户难以理解其中的文字信息。图4-2所示的左图虽然字体美观，但是其文字展现不够分明，不便于识别，而右图则相对来说更便于识别。

图4-2　便于识别的文字

4.1.2 文字要有层次感

在新媒体的设计中，文字的设计并非是简单的堆砌，而是有层次的，通常按重要程度设置文字的显示级别，重点内容着重显示，其他内容则根据其重要程度进行级别的划分。有层次感的文字可以引导用户浏览文字内容的顺序。新媒体美工在进行文字的编排时，可利用字体、粗细、大小与颜色的对比来设计文本的显示级别。

图 4-3 所示的房地产海报中，根据重要程度将文字显示为 3 个级别，第 1 级别即为最大的文字，该文字将海报需要表达的主题展现出来，起到吸引用户浏览的作用，并加粗主题文字，让体现的内容更加清晰；第 2 级别则是最大文字下方加黑的较小文字，用其对房屋的基本信息进行说明，起到点明主题的作用；第 3 级别则是白色的文字，这些文字主要对企业信息进行说明，起到加深品牌印象的作用。图 4-4 所示为一款洗衣片的促销海报，该海报将文字分为 3 个级别，第 1 级别即为上方最大的文字，该文字将海报需要表达的主题展现出来；第 2 级别即为中间的白色文字，通过故事的形式，来体现主体内容；第 3 级别即为蓝色和黄色的文字，用以阐述产品信息。

图4-3　房地产海报　　　　　　图4-4　洗衣片海报

4.1.3　文字要美观

在设计时，一般会选择 2 ～ 3 种匹配度高的字体进行展现。字体过多会显得零乱且缺乏整体感，不仅容易使用户产生视觉疲劳，还不具备美观性。因此，在文字的设计过程中，可考虑将文字加粗、变细、拉长、压扁等来变化文字，从而产生丰富的视觉效果；也可在文字中添加素材，以提升其美观度。图 4-5 所示的左图上方的文字倾斜变形使其更具有美观性，再加上夏天的素材，达到吸引用户眼球的目的，而下方的文字则使用较方正的字体，使促销信息文字易于识别，更方便用户查看。中图对"汽车维修"文字进行变形，在颜色、配饰上与汽车装修相统一，使其视觉感更加强烈，从而加深用户的印象。而右图主要通过色彩和文字的对比来区分整个画面的视觉点，提升整体文字的阅读性。

图4-5 文字的选用与调整

4.2 标志文字设计

标志是一种具有现代特点的信息传达符号，能够体现企业的形象。而文字则是组成标志的重要元素之一，不仅可以直接作为标志展示，还可对标志内容进行说明。下面先讲解文字在企业标志中的重要性，再对制作标志文字的方法进行介绍。

4.2.1 文字在企业标志中的重要性

生动的标志可以反映出企业的文化内涵，提升企业的整体形象。在对企业标志进行设计时，新媒体美工需要结合企业的具体情况，根据企业自身的文化特点和营销理念进行设计，以达到表达企业产品特征的目的。而将文字作为重要元素融入企业标志设计中，不但能提升标志的识别度，而且能提升标志的美观性。

图4-6 所示为七天连锁酒店的标志，该标志的造型简单、意义明确，由蓝、橙、黄、白 4 种颜色组成，具有年轻人的活力。同时该标志将经营理念、经营内容、企业规模、产品特性等要素通过"7"，传递给社会公众，使他们能快速记住该企业。图 4-7 所示为路虎标志，该标志将"罗孚"直接翻译为英文"LAND-ROVER"，从而形成了汽车品牌"路虎"。图 4-8 所示为三星标志，该标志由"SAM"和"SUNG"两个单词组成，SAM代表强大、充足、巨大，SUNG 代表闪亮、纯洁、辉煌、永久，三星用这两个单词来代表对品牌的自豪、祝愿，标志中的蓝色则给人一种沉稳的感觉，代表三星希望得到用户的支持、信任。

图4-6 七天连锁酒店标志　　　　图4-7 路虎标志　　　　图4-8 三星标志

由此可见，由文字的组合设计而成的标志，能将企业的经营理念、文化特色、经营内容等展现出来，使整体效果更具有识别性和展现性。

4.2.2 标志文字的设计要点

根据字形的不同，可将标志文字的设计分为汉字、数字和字母 3 种类型的设计，下面分别进行介绍。

① **汉字的设计要点**。汉字经历了甲骨文、金文、隶书、楷书、现代美术字等阶段的演变，其结构上仍存在共性，如点、竖、横等笔画。在设计上改变笔画效果，或是对字形进行修改与提炼，找到字形与需传达信息之间的关系，这样制作出的文字不但美观，而且更有意义。图 4-9 所示为"老味道"的标志，它通过对文字字形进行修改并添加与吃饭相关的元素，增强了整个标志的识别性。

② **数字的设计要点**。将数字元素运用到标志中，不仅能提升用户的新奇感，还能提升整个画面的趣味性，在设计时可在其中添加不同的形状，以提升整个画面的视觉感。图 4-10 所示为一款数字型标志，该标志主要是对数字进行叠加，并添加对应的颜色，使整体效果更具有视觉感。

③ **字母的设计要点**。使用英文字母是标志设计的常用方式。在设计时标志中的字母造型必须保留传统标准字体中的主要形象特征，要易于辨认与阅读，因为字母仍然具备文字的传达功能，并且具备简略、易记、醒目的特点。此外，字母造型还要具有现代美感、个性，具备图形简洁的基本特征。图 4-11 所示为一款字母型标志，该标志中输入了代表企业内容的字母，并对字母的笔法进行了简单的删减，使整体效果更具有设计感。

图4-9 汉字型标志　　　　图4-10 数字型标志　　　　图4-11 字母型标志

4.2.3 制作标志文字

标志一般由品牌的名称、缩写或者抽取个别有趣的字设计而成。本例将使用 Photoshop CS6 图像处理软件制作字母型的"盛夏集团"的标志。本例在设计时先绘制倾斜的形状，然后输入英文字母并对其进行变形，完成后的效果更具有设计感，具体操作如下。

制作标志文字

步骤 01 启动 Photoshop CS6,执行【文件】/【新建】命令,打开"新建"对话框,设置"名称""宽度""高度""分辨率"分别为"标志文字""120""120""300",单击 **确定** 按钮，如图 4-12 所示。

步骤 02 设置"前景色"为"#ffc50c",按【Alt+Delete】组合键填充前景色,效果如图 4-13 所示。

图4-12 设置新建文档的参数

图4-13 填充前景色

步骤 03 打开"图层"面板,单击"创建新图层"按钮 新建图层。

步骤 04 选择"钢笔工具" ,在文档中间区域绘制图 4-14 所示的形状,按【Ctrl+Enter】组合键将路径转换为选区,再按【Ctrl+Delete】组合键填充背景色。

步骤 05 选择"横排文字工具" ,输入"SUMMER"文字,在工具属性栏中设置"字体"为"Castellar","字号"为"3.2点","文本颜色"为"#ffffff",如图 4-15 所示。

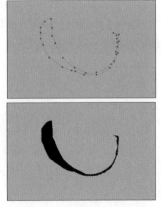
图4-14 绘制形状并填充背景色

图4-15 输入"SUMMER"文字

步骤 06 选中文字所在图层，按【Ctrl+T】组合键使文字呈可变形状态，按住鼠标左键向右拖动，使文字倾斜显示，完成后按【Enter】键完成倾斜操作，效果如图4-16所示。

步骤 07 在工具属性栏中单击"创建文字变形"按钮 工，打开"变形文字"对话框，在"样式"下拉列表框中选择"下弧"选项，设置"弯曲""水平扭曲""垂直扭曲"分别为"+70""+30""+5"，单击 确定 按钮，如图4-17所示。

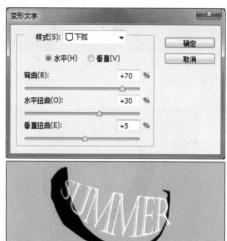

图4-16 倾斜文字　　　　　　　　　　　　　　图4-17 变形文字

步骤 08 选中文字所在图层，按【Ctrl+T】组合键使文字呈可变形状态，调整文字的大小和长度，使其在形状中居中显示，效果如图4-18所示。

 经验之谈

　　这里"SUMMER"文字主要起到表现水果果肉的目的，因此需要先对文字进行变形，再根据图形的长短对文字大小进行调整。

步骤 09 新建图层，选择"钢笔工具" ，在文字的位置绘制图4-19所示的形状，按【Ctrl+Enter】组合键将路径转换为选区，设置"前景色"为"#ffffff"，再按【Alt+Delete】组合键填充颜色。

步骤 10 选择"横排文字工具" T，输入"MIDSUMMER GROUP"文字，效果如图4-20所示。在工具属性栏中设置"字体"为"方正康体_GBK"，"字号"为"3.2"，"文本颜色"为"#ffffff"。

步骤 11 选择"椭圆工具" ，在工具属性栏中取消填充，设置"描边"为"#030000、0.8点"，在文字和形状的外侧绘制一个"100像素×100像素"的正圆，效果如图4-21所示。

图4-18 调整文字的大小和长度

图4-19 绘制形状并填充颜色

图4-20 输入"MIDSUMMER GROUP"文字

图4-21 完成后的效果

步骤⑫ 完成后按【Ctrl+S】组合键保存文件，完成本例的制作（配套资源：\ 效果 \ 第 4 章 \ 标志文字 .psd）。

4.3 海报文字设计

海报作为一种常见的宣传工具，具有发布时间短、时效强、视觉冲击力强等特点。在海报中，文字虽占据的篇幅可能不会太多，却是核心观点的传达。在设计时如何让文字显得不呆板，能跟图形、色彩巧妙地融为一体，是每一个海报设计者应该关注和关心的问题。下面将先讲解海报文字的设计要点，再对制作方法进行介绍。

4.3.1 海报文字的设计要点

文字相对于图形，在传达上更加直接。在海报设计中可通过文字的大小变换、正反倒转、上下错位、字体混用、倾斜展现、虚实变换等编排方式构建出多角度的视觉效果，营造出活泼、安静或严肃等感情氛围。此外，文字不仅能表述信息，还能传达视觉效果。

图 4-22 所示为一款展望 2020 年的海报，整个海报并没有采用原始的正红色作为主色，而是通过朱红色和紫色的结合来增强效果的美观性。在文字的使用上通过文字的大小变换，主体更加明确，再通过文字递进式的倾斜展现，整体效果更具有空间感，并且字体混用的方式使整体效果更具有美观性。

在海报文字的编排上，有左右对齐式、左对齐或右对齐式、中心对齐式、视觉排列式、文字绕图式 5 种方式，下面分别进行介绍。

① **左右对齐式**。左右对齐式是指文字左边和右边与边界的距离相同，这样的排版方式可以让文字效果显得端正、严谨、美观，是报刊、书籍类海报的常用排版方式。图 4-23 所示为使用了左右对齐式的书本海报效果，该海报中对主题文字与下方的信息介绍文字进行了两端对齐处理，使海报的表现效果更加稳定、美观。

图4-22 展望2020年的海报

② **左对齐或右对齐式**。文字左对齐或右对齐的排版方式将会使版面格式显得不那么呆板，更加符合人们的阅读习惯，也更加符合大众的审美观。图 4-24 所示为一款杂志海报，该海报中将文字内容放置在画面的右侧，并且使用不同大小和粗细的文字来表达主题，右对齐的文字与左侧的人物素材相呼应，丰富了海报的画面空间。

图4-23 书本海报

图4-24 右对齐海报

③ **中心对齐式**。中心对齐式是指文字以中心为轴线进行排列，具有突出重点、集中视线的作用，可以牢牢抓住用户眼球。图 4-25 所示为一款宣传海报，该海报中将文字居中显示，并对主要文字进行放大显示，不但美观而且更具有视觉效果。

④ **视觉排列式**。视觉排列式就是当文字的大小、长短分布不均匀，采用普通的排列方式会造成视觉上的落差时，去目测各个文字的视觉重心，然后以文字的视觉重心为参考点进行对齐。图 4-26 所示为一款艺术节海报，该海报中将文字居中显示，但由于文字的大小不同，这里将"Arts"文字作为视觉重心，对文字进行上下排列，使海报效果更具有美观性。

⑤ **文字绕图式**。文字绕图式是指将图片插入文字中，使文字直接围绕图片边缘进行排列，呈现出图文自然融合的效果。这种排列方式能使展现的效果更加自然，也更具有设计感。图 4-27 所示为一款街舞海报，该海报中先通过文字的输入让内容在海报中得以展现，再通过人物的插入丰富整个画面。

图4-25　宣传海报　　　　　图4-26　艺术节海报　　　　　图4-27　街舞海报

4.3.2　制作海报文字

本例将制作健身房海报，在展现海报信息的同时，通过文字的大小变换、上下错位、字体混用等编排方式，构建出多角度的视觉效果，并通过左右对齐的方式，使海报的布局更加合理，具体操作如下。

制作海报文字

步骤 **01** 打开"健身俱乐部海报 .psd"素材文件（配套资源：\ 素材 \

第 4 章 \ 健身俱乐部海报 .psd ），如图 4-28 所示。

步骤 02 在工具箱中选择"横排文字工具" T. ；在工具属性栏中设置"字体""字号""颜色"分别为"方正综艺简体""117 点""#000000"，在图像中输入"欣力健身俱乐部"文字，效果如图 4-29 所示。

图4-28 打开素材 图4-29 输入文字

步骤 03 使用相同的方法输入其他点文本，并在工具属性栏中设置"XIN LI JIAN SHEN JU LE BU"文字的"字体"为"Arial"，再设置"力量器械 / 有氧塑身 / 美式桌球"文字的"字体"为"华文细黑"，最后调整文本的大小和位置，使其呈左对齐显示，效果如图 4-30 所示。

步骤 04 在工具箱中选择"横排文字工具" T. ，在工具属性栏中设置"字体""字号""文本颜色"分别为"Swis721 Blk BT""92 点""#b69e42"，在右上角输入"OPEN"文字，效果如图 4-31 所示。

图4-30 输入其他文字 图4-31 输入"OPEN"文字

步骤 05 选中输入的文字，单击工具属性栏中的"创建文字变形"按钮，打开"变形文字"对话框，设置"样式"为"上弧"，将"弯曲"设置为"+37"，单击 确定 按钮，如图 4-32 所示。

步骤 06 选中文字，按【Ctrl+T】组合键使其进入可变换状态，在文字上单击鼠标右键，在弹出的快捷菜单中执行"变形"命令，出现变形框，按住鼠标左键拖动变形框上边缘的控制点，以调整变形效果，如图4-33所示。

图4-32　添加变形效果　　　　　　　　　　图4-33　添加变形效果

步骤 ⑦ 在工具箱中选择"钢笔工具" ，在"OPEN"左下角单击以创建锚点，在其右下方单击并按住鼠标左键拖动控制柄，沿着文字的上弧线轮廓创建出一段路径，如图4-34所示。

图4-34　创建路径

步骤 ⑧ 在工具箱中选择"横排文字工具" ，将鼠标指针移至路径上，单击以定位文本插入点，输入"专业教练 一对一教学"文字，此时可发现路径上并没有显示文字。选择"路径选择工具" ，打开"路径"面板，单击文字路径并将鼠标指针移动到路径的起始点上，按住鼠标左键向右拖动可发现输入的文字慢慢呈现出来了，如图4-35所示。

步骤 ⑨ 选择"横排文字工具" ，选中路径上的文字，在工具属性栏中设置"字体""字号""文本颜色"分别为"思源黑体""40点""#ffffff"，完成后调整文字的位置，效果如图4-36所示。

步骤 ⑩ 打开"图标.png"素材文件（配套资源：\ 素材 \ 第4章 \ 图标.png），将其拖动到文字左侧，效果如图4-37所示。

步骤 ⑪ 在工具箱中选择"横排文字工具" ，在工具属性栏中将"字体""字号"分别设置为"方正兰亭特黑_GBK""30点"，在图像左侧单击并按住鼠标左键不放，拖动鼠标绘制文本定界框，文本插入点将自动定位到文本框中，输入"买一赠一"并按【Enter】键分段，继续输入"抢到就赚到限100名"，效果如图4-38所示。

图4-35 调整文字 图4-36 调整文字的大小和颜色

图4-37 添加图标 图4-38 绘制定界框并输入段落文本

步骤⑫ 选中段落文本，打开"字符"面板，设置"行间距"为"48 点"。选中"限 100 名"文字，更改其"文本颜色"为"#ff0000"，更改"100"的"字号"为"48 点"，如图 4-39 所示。

步骤⑬ 在工具箱中选择"直线工具" ∕，在工具属性栏中取消填充，设置描边样式为"虚线"、描边颜色为"#2b2f2f"、描边粗细为"2.65 点"，按住【Shift】键的同时，在文本下方绘制一条水平虚线，效果如图 4-40 所示。

图4-39 更改文字颜色 图4-40 绘制虚线

步骤⑭ 在工具箱中选择"横排文字工具" T，在工具属性栏中设置"字体"为"思源黑体"、"文本颜色"为"#000000"，在线条下方按住鼠标左键不放，拖动鼠标绘制文本定界框，在其中输入段落文本。输入过程中可按【Enter】键分段，按【Space】键添加空格。完成后将段落中最前方的说明性文字的字体修改为"方正兰亭特黑"，效果如图 4-41 所示。

步骤⑮ 打开"文字底纹 .jpg"素材文件（配套资源：\ 素材 \ 第 4 章 \ 文字底纹 .jpg），按【Ctrl+J】组合键复制背景图层。

步骤⑯ 在工具箱中选择"横排文字蒙版工具" ，在工具属性栏中设置"字体""字号"分别为"方正兰亭特黑 _GBK""360 点"，在图像上输入"VIP"，如图 4-42 所示。

图4-41　输入段落文本

图4-42　输入蒙版文本

步骤⑰ 选择"移动工具" ，此时可发现输入的文字已经变为选区，选中复制的背景图层，按【Ctrl+J】组合键将创建文字选区的文字复制到新的图层上，如图 4-43 所示。

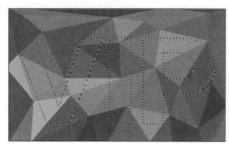

图4-43　创建文字选区

步骤⑱ 将"VIP"拖动到图像中，按【Ctrl+T】组合键进入可变换状态，调整文字的大小和位置，效果如图 4-44 所示。

步骤⑲ 打开"二维码 .jpg"素材文件（配套资源：\ 素材 \ 第 4 章 \ 二维码 .jpg），将其拖动到图像的右下角，调整其大小并查看添加后的效果。

步骤⑳ 选择"横排文字工具" ，在工具属性栏中设置"字体""文本颜色"分别为"思源黑体""#8d7b37"，然后输入文字，并调整文字的大小和位置，完成后的效果如图 4-45 所示。

步骤㉑ 按【Ctrl+S】组合键保存文件，完成本例的制作（配套资源：\ 效果 \ 第 4 章 \ 健身俱乐部海报 .psd）。

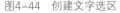

图4-44 创建文字选区　　　　　　　　图4-45 完成后的效果

4.4 封面文字设计

封面原指书籍封面，而在新媒体中封面多指打开某程序时的首要页面，如打开朋友圈时首先看到的页面是其封面，打开公众号的推送文章时看到的文章封面等。不同封面的展现效果和位置各不相同，因此对文字的设计要求也各不相同。下面将先讲解封面文字设计的基础知识，再对其制作方法进行介绍。

4.4.1 封面文字的设计要点

在新媒体平台中，文字在封面中的运用常常只是做简单的说明和对促销信息的展现。下面将对朋友圈封面文字、小程序转发封面文字、公众号文章封面文字、视频封面文字等常见的新媒体封面文字的设计要点进行介绍。

① **朋友圈封面文字**。朋友圈封面因其界面较小，而营销性较低。微信封面文字常用于对某事件的宣传、某节气的展现，以及简单的自我展示。图 4-46 所示的左图的封面文字即为宣传培训课的封面文字；中间图片则为宣传双 12 的封面，以闪亮的"12.12"文字点明主题；而右图则为对某事件的"官宣"，既可爱又美观，可起到宣传喜讯的作用。

图4-46　朋友圈封面文字

② **小程序转发封面文字**。当对小程序进行分享时，其分享页面中将显示小程序的转发封面。该封面包含了小程序的Logo、背景、名称和描述性文字。其中的描述性文字要求言简意赅并且能精准描述小程序的内容，在字数上要保持在 12 ~ 14 个文字内，不要过多，不然会使得页面繁杂。在文字的选择上，可通过颜色加粗的方式，对重点内容进行重点显示。图 4-47 所示即为 3 款不同样式的小程序转发封面，左图以一张图片为主图，没有文字说明，让用户看见图片后不知道小程序的主题内容是什么，不具有说明性。中间图以深蓝色为背景色，在其中添加了人物开发程序的场景，不但具有写实的效果，而且能提升整个画面的趣味性，再在图片上方输入小程序的内容，能达到吸引用户浏览的目的。而右图以黄色为背景色，以对话的文字作为主体，能加深用户对小程序的兴趣。

图4-47　小程序转发封面文字

③ **公众号文章封面文字**。公众号文章封面的主要作用是吸引用户浏览。因此，在对其文字进行设计时，注意文字要具有吸引力，将文字和图片的搭配使用，以引起用户的兴趣，从而进入文章进行浏览。在文字的选择上，可使用醒目的字体，或是对字体进行美化，使其更具有吸引力。图 4-48 所示即为两款不同的公众号文章封面。左图通过穿夏装的人物和穿冬装的人物对雪的感官展现，体现出两者的不同看法；在文字的设计上，在中间输入"南方人 vs 北方人"文字，并对文字添加描边效果，使其成为整个文章封面的第一视觉点，再通过下方的文字对整个封面内容进行了说明，不但具有美观性，而且具有吸引力。右图的设计中，没有过多的文字描述，只是将文字居中放大展现，这样不但起到了点题的作用，而且在文字的色调上也与背景统一，使整个效果更美观。

图4-48　公众号封面文字

④ **视频封面文字**。当进入某个主播的直播页面，或是选择录制好的视频进行查看时，往往会先看到视频封面，因此具有吸引力的封面是十分重要的。在进行视频封面文字的制作时，要体现出视频的主要内容，可通过加粗、描边等来达到突出重点的目的，也可通过带有疑问的话语、对某时间的阐述，来提升用户的好奇心，从而使其点入视频进行观看。图 4-49 所示即为两款不同视频的封面文字。左图通过"运动鞋分享大会"文字将视频的主要内容展现了出来，在文字的设计上对"运动鞋"添加描边效果，起到了点题的作用，在左侧用倾斜的文字来提升整体效果的吸引力。右图文字的设计相对较少，只是通过加粗的文字起到了点题的作用。

图4-49　视频封面文字

4.4.2　制作视频封面文字

本小节将制作一款学习意大利语的视频封面，在设计时以意大利的标志性建筑为背景，使其与"学习意大利语"的主题内容契合。在文字的设计上通过倾斜的文字，将"趣味"体现出来，在色彩的选择上以背景中的蓝色、白色和黑色为主要色，使整体效果色调统一、美观，具体操作如下。

制作视频封面文字

步骤 01 启动 Photoshop CS6，执行【文件】/【新建】命令，打开"新建"对话框，设置"名称"为"视频封面文字"、"宽度"为"1440"、"高度"为"900"、"分辨率"为"72"，单击 确定 按钮，如图 4-50 所示。

步骤 02 打开"视频封面文字素材 .psd"素材文件（配套资源：\ 素材 \ 第 4 章 \ 视频封面文字素材 .psd），将背景拖动到图像中，调整其大小和位置，效果如图 4-51 所示。

图4-50　新建文件

图4-51　添加背景素材

步骤 03 选择"矩形工具" □，在工具属性栏中设置"填充"为"#030000"，在背景的左侧绘制一个"670 像素 ×110 像素"的矩形，效果如图 4-52 所示。

步骤 04 选择"矩形工具" □，在工具属性栏中设置"填充"分别为"#ffffff""#619cd4"，在矩形的左侧绘制两个"80 像素 ×260 像素"的矩形，效果如图 4-53 所示。

图4-52　绘制矩形

图4-53　绘制其他颜色的矩形

步骤 05 选中两个小矩形所在图层，按【Alt+Ctrl+G】组合键创建剪贴蒙版，效果如图 4-54 所示。

步骤 06 选择"横排文字工具" T，在黑色矩形上输入"10 minute Italian"文字，在工具属性栏中设置"字体"为"Brush Script Std"、"字体大小"为"65 点"、"文本颜色"为"#fcfcfc"，效果如图 4-55 所示。

图4-54　创建剪贴蒙版

图4-55　输入文字

步骤 07 选择"矩形工具" □，在工具属性栏中设置"填充"为"#ffffff"，在矩形的下方绘制一个"1600 像素 ×210 像素"的矩形，效果如图 4-56 所示。

步骤 08 选择"直线工具" ／，在工具属性栏中设置"描边"为"2262af, 5 点"，在"设置形状描边类型"下拉列表框中选择第 2 个描边选项，在白色矩形中绘制两条"1600 像素 ×5 像素"的虚线，效果如图 4-57 所示。

图4-56 绘制大矩形

图4-57 绘制虚线

步骤 09 选择"横排文字工具" T，在白色矩形上输入"每天 10 分钟　意大利语教学"文字，在工具属性栏中设置"字体"为"方正兰亭刊黑 -GBK"、"字体大小"为"90 点"、"文本颜色"为"#080603"，效果如图 4-58 所示。

步骤 10 选择"矩形工具" □，在工具属性栏中设置"填充"为"#2262af"，在矩形中绘制两个"164 像素 ×164 像素"的矩形，效果如图 4-59 所示。

图4-58 输入说明性文字

图4-59 绘制矩形

步骤 11 选择"横排文字工具" T，在蓝色矩形上输入"趣味"文字，在工具属性栏中设置"字体"为"方正超粗黑简体"、"字体大小"为"160 点"、"文本颜色"为"#ffffff"，选中输入的文字调整文字间距，使其刚好在矩形中得以显示，效果如图 4-60 所示。

步骤 12 选中除背景外的所有图层，按【Ctrl+T】组合键使它们呈可变形状态，顺时针旋转选中的形状与文字，使其倾斜显示，效果如图 4-61 所示。

步骤 13 完成后按【Ctrl+S】组合键保存文件，完成本例的制作（配套资源：\效果\第 4 章 \视频封面文字 .psd）。

图4-60　输入"趣味"文字

图4-61　旋转形状与文字

4.5　实战案例

经过前面的学习，读者对标志文字、海报文字、封面文字的设计方法有了一定的了解，接下来可通过实战案例巩固所学知识。

4.5.1　实战：制作青禾标志文字

实战目标

本实战将制作青禾标志文字。该企业主要是针对绿植的养殖和景观的布置，因此绿色、清新是该企业的主题。本例在制作青禾标志文字时，先设计青禾标志，然后输入文字并对文字格式进行设置，使整个标志不但美观，而且自然、清新，完成后的参考效果如图4-62所示。

图4-62　青禾标志文字效果

制作青禾标志文字

实战思路

根据实战目标，下面对青禾标志文字进行制作。

步骤 01 启动 Photoshop CS6，执行【文件】/【新建】命令，打开"新建"对话框，设置"名称""宽度""高度""分辨率"分别为"青禾标志文字""120""120""300"，单击 确定 按钮，如图 4-63 所示。

步骤 02 设置"前景色"为"#fdf9dd"，按【Alt+Delete】组合键填充前景色，效果如图 4-64 所示。

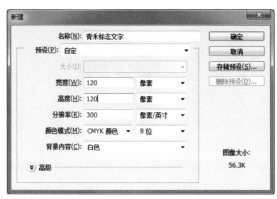

图4-63 设置新建文档的参数

图4-64 填充前景色

步骤 03 新建图层，设置"前景色"为"#7cae2a"，选择"钢笔工具" ，在文档中间区域绘制图 4-65 所示的形状，按【Ctrl+Enter】组合键将路径转换为选区，再按【Alt+Delete】组合键填充前景色。

步骤 04 按【Ctrl+J】组合键复制图层，打开"图层"面板，设置图层混合模式为"正片叠底"，效果如图 4-66 所示。

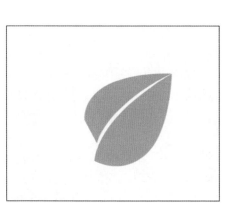

图4-65 绘制形状

图4-66 设置图层混合模式

步骤 05 打开"图层"面板，单击"添加图层蒙版"按钮 ，为复制的形状图层添加图层蒙版，设置"前景色"为"#000000"，选择"画笔工具" ，在形状的左下角进行涂抹，使其形成颜色深浅不同的效果，如图 4-67 所示。

步骤 06 新建图层，设置"前景色"为"#fdf9dd"，选择"钢笔工具" ，在叶子右侧区域绘制图 4-68 所示的形状，按【Ctrl+Enter】组合键将路径转换为选区，再按【Alt+Delete】组合键填充前景色，使其形成反光效果。

图4-67　涂抹形状　　　　　　　　　　　图4-68　绘制反光效果

步骤 07 新建图层，设置"前景色"为"#93c52b"，选择"钢笔工具" ，使用与前面相同的方法，绘制图 4-69 所示的形状，并为其填充前景色。

步骤 08 使用相同的方法绘制出苗芽，并将其颜色填充为"#93c52b"，效果如图 4-70 所示。

图4-69　绘制另一片树叶　　　　　　　　图4-70　绘制苗牙

步骤 09 选择"横排文字工具" ，在图像下方输入"一青禾一"文字，在工具属性栏中设置"字体"为"方正少儿简体"、"字体大小"为"4 点"、"文本颜色"为"#5c9934"，效果如图 4-71 所示。

步骤 10 选择"横排文字工具" ，在"一青禾一文字"下面输入"Qinghe flagship store"文字，在工具属性栏中设置"字体"为"AmericanText BT"、"字体大小"为"2 点"、"文本颜色"为"#3f6b33"，打开"字符"面板，单击"全部大写字母"按钮 TT 将字母全部设置为大写。

步骤 11 完成后按【Ctrl+S】组合键保存文件，完成本例的制作，完成后的效果如图 4-72 所示（配套资源：\效果\第 4 章\青禾标志文字 .psd）。

图4-71 输入文字

图4-72 完成后的效果

🎓 新手试练

为了更加了解标志文字的制作方法，可设计一款家电企业的标志，要求体现出企业的宗旨和商品的卖点。

4.5.2 实战：制作公众号封面文字

🎯 实战目标

本实战将制作主题为"面试为何一直被拒？"的公众号的封面，在文字的设计上主要对放大的文字和缩小的文字进行对比，使封面层次明确，达到吸引用户浏览的目的，完成后的参考效果如图 4-73 所示。

图4-73 公众号封面文字效果

制作公众号封面文字

💡 实战思路

根据实战目标，下面对公众号封面文字进行制作。

步骤 01 启动 Photoshop CS6，执行【文件】/【新建】命令，打开"新建"对话框，设置"名称""宽度""高度""分辨率"分别为"公众号封面文字""900""383""300"，单击 ▢ 确定 ▢ 按钮，如图 4-74 所示。

步骤 02 选择"矩形工具" ▢，在工具属性栏中设置"填充"为"#e5f0fa"，绘制一个"900 像素 ×250 像素"的矩形，效果如图 4-75 所示。

图4-74 设置新建文档的参数　　　　图4-75 绘制矩形

步骤 03 选择"矩形工具" ▢，在工具属性栏中设置"填充"为"#678fc6"，"描边"为"#030000，1.5 点"在矩形的下方绘制一个"970 像素 ×250 像素"的矩形，效果如图 4-76 所示。

步骤 04 打开"公众号封面文字素材 .psd"素材文件（配套资源：\ 素材 \ 第 4 章 \ 公众号封面文字素材 .psd），将其中的素材拖动到文档中，调整其大小和位置，效果如图 4-77 所示。

图4-76 绘制矩形　　　　　　图4-77 添加素材

步骤 05 选择"横排文字工具" ▣，在图像中输入图 4-78 所示的文字，在工具属性栏中设置"字体"为"方正综艺简体"、"文本颜色"为"#040509"，调整字体的大小和位置。

步骤 06 选择"圆角矩形工具" ▢，在工具属性栏中设置"填充"为"#f5e928"、"描边"为"#030000，1 点"，在"戳一戳被拒绝的原因"文字外绘制一个"350 像素 ×45 像素"的圆角矩形，效果如图 4-79 所示。

图4-78 输入文字　　　　　　图4-79 绘制圆角矩形

步骤 07 选择"自定形状工具" ，在工具属性栏中设置"填充"为"#030000"，在"形状"下拉列表框中选择"图钉"形状，在圆角矩形的左侧绘制出选择的形状，完成公众号封面的制作，完成后的效果如图4-80所示。

图4-80　完成后的效果

步骤 08 完成后按【Ctrl+S】组合键保存文件，完成本例的制作（配套资源：\效果\第4章\公众号封面文字 .psd）。

4.6 课后习题

本习题要求打开"公众号封面 .psd"素材（配套资源:\素材\第4章\公众号封面 .psd），在其中进行文字的输入，完成后的效果如图4-81所示（配套资源：\效果\第4章\公众号封面 .psd）。

图4-81　素材与完成后的效果

第5章

新媒体美工图片设计

在设计过程中，新媒体美工会发现效果多是使用图片进行展现。目标用途的不同，不同图片的设计方法也不相同。下面将针对新媒体中常见的图片，如开屏广告、Banner 等的设计方法进行介绍。

5.1 新媒体美工图片设计要求

图片作为展现内容的一种方式，能将画面的主题信息直接展现在人们的眼前。在对图片进行设计与制作前，需要先掌握相关的设计要求，包括图片的素材要求、图片的设计要求等，下面分别进行介绍。

5.1.1 图片的素材要求

高品质的图片素材是能进行设计的前提，还能提升整个画面的美观度，下面将对图片的素材要求进行介绍。

1. 保证图片的清晰度

保证清晰度是对图片素材的首要要求。在选择图片时避免选用带有马赛克、水印的图片，这样的图片会导致画面显示不够清晰，还会存在版权问题。图 5-1 所示为一款旅行海报，海报的右侧通过一张高清的风景图片，将旅行地点的美景展现出来，左侧再搭配相应的文字，给人眼前一亮的感觉。图 5-2 所示为一款早安海报，该海报对高清的绿叶进行了放大居中显示，不但展现出了画面的清新自然，而且给人一种绿色健康的感觉，与主题更加契合。图 5-3 所示为一款招聘海报，上方的图片是超市的一个场景，虽然契合了海报的主题，但是商品图片的清晰度不够，各种商品使画面显得杂乱、没有主体，整体效果不够美观，达不到吸引用户的目的。

图5-1 旅行海报　　　　图5-2 早安海报　　　　图5-3 招聘海报

2. 图片素材要与内容相关联

在进行图片素材的选择时，注意图片素材要与编辑的内容相关联。若图片素材与文字内容毫无关联，则很容易让用户在浏览时产生误解和不好的阅读体验。因此在选择图片素材时可先明确需要编辑的内容，再根据内容选择图片素材，如一款关于汉字的海报，可以使用一张正在运笔的书法家的场景图片，一般来说，有人物存在的图片，更富有动感，也更吸引人。图 5-4 所示为一款房屋户型微信长图，其通过图文结合的方式，前面是对户型的介绍，随后配上相应的图片，这样不但提升了长图的美观性和说明性，而且能提升用户对该户型的好奇心和好感度。

图5-4　房屋户型微信长图

此外，还需要注意的是图片是为文字内容服务的，能够用文字表达清楚的内容就没有必要再为文字搭配过多的图片了，否则会让用户产生阅读上的负担感，从而过多地分散用户对文本内容的注意力。

3．注重图片的质感

在选择图片素材时，除了要选择清晰度高的图片素材外，还应该选择质感更加强烈的图片素材。高质感的图片更容易抓住用户的眼球，更能给用户带来好的视觉感受。不同内容要求的图片素材质感是不一样的，为了迎合设计的需求，可调整拍摄的光线，来对图片素材的质感进行体现。图5-5所示的左、右两图均为饼干图片，而左图更加具有质感，也更能吸引用户。

图5-5　图片质感的对比

5.1.2　图片的设计要求

完成图片的搜集后，即可开始对图片进行设计，下面对图片的设计要求分别进行介绍。

① **图片色彩要对题、简练、主次分明**。色彩是刺激人类视觉神经最有利的"武器"，合理的色彩能提升整个图片的美观度。在进行色彩的选择和搭配时，需要注意图片中的色彩数量不宜过多。色彩面积的比例决定了整个画面的主次关系，小面积的色彩在大面积色彩的背景烘托下更加易于识别。在进行图片的设计时，首先定义好统一的色调，使主调趋向明显，再利用小面积的色调形成对比。这样完成后的效果，既不失对比，也不失调和，展现的效果也更加美观。若是需要在效果中添加素材图片，则可选择同一系列或同一色系的图片素材，或内在有一定相关性的图片素材。这样可以让整个画面更加对题，更加美观。图5-6所示为一款旅行宣传图，该宣传图通过同一色系渐变效果的展现，让整个画面显得更加有层次、更加具有美观性。

② **图片构图要全面，视觉导向要清晰**。在图片的设计过程中，构图是一种很好的视觉导向。在设计时首先要做到结构清晰、条理分明，然后要做到构图均衡、稳定，或是个性突出，这样完成的图片才更加具有美观性。在设计的过程中，新媒体美工可根据人们的阅读习惯，对从上到下、从左到右、从大到小、从实到虚等视觉导向，进行合理的布局。这样可以让整个画面更具有吸引力。图5-7所示为一款商品海报，该海报采用左右对齐的方式，使整个构图不但均衡，而且主体内容突出。

图5-6　旅行宣传图

图5-7　商品海报

③ **图片要适应短时间记忆**。新媒体中图片的作用主要是推广和宣传，但这种推广和宣传并不是所有人都愿意长时间地阅读和欣赏。因此，在进行图片的设计时，要注意画面内容的压缩，特别是宣传语，一定要让用户在看到图片的最短时间内，产生深刻的印象，这样才能有效地达到推广和宣传的目的。图 5-8 所示为一款零食 Banner，该 Banner 通过带有四川特色的文字表述，一下就能引起用户的兴趣，给其留下深刻的印象。图 5-9 所示为一款运动鞋 Banner，该 Banner 通过"让脚自由呼吸"文字，将鞋的特点展现了出来，从而使用户产生强烈的购买欲望。

图5-8　零食Banner

图5-9　运动鞋Banner

　经验之谈

　　一个完整的设计作品，使用到的素材图片既不能太少，也不能太多。配图太少可能无法充分发挥图片的作用，而配图太多则容易导致出现页面长、加载速度慢等现象，影响移动端用户的浏览体验，从而导致跳出率的提高。

5.2　开屏广告图设计

　　开屏广告是 App 在启动时出现的广告，其固定展示时间一般为 5 秒，展示完毕后自动关闭并进入 App 主页面。开屏广告图就是针对开屏广告而制作的图片。下面将先讲解开屏广告的特点，再对开屏广告的类别进行介绍，最后根据这些内容制作开屏广告图。

5.2.1　开屏广告的特点

　　开屏广告作为流量来源的主要途径之一，能否吸引用户点击是决定该开屏广告好坏的关键。那么，开屏广告具有哪些特点呢？下面分别进行介绍。

　　① **整屏显示**。开屏广告以整屏进行显示，具有较强的视觉冲击力，能最大程度地吸

引用户，从而提高用户的点击率和品牌的曝光率。

② **位置的优质性**。开屏广告作为进入 App 前的首要入口，其位置相对于站内广告更靠前，因此更优先接触到用户。

③ **针对性强**。客户端会根据用户的浏览内容，进行有选择性的定向投放，其精准性较强。

④ **强制性曝光**。由于开屏广告具有固定的展示时间，因此可对使用 App 的用户实现强制性的曝光。

5.2.2 开屏广告的类别

在进行开屏广告图的设计前，新媒体美工需要先了解开屏广告的类别，从而有针对性地进行开屏广告图片的制作。开屏广告可根据广告位尺寸和广告目的被划分为不同的类别，下面分别进行介绍。

1. 按照广告位尺寸划分

按照广告位尺寸可将开屏广告划分为全屏式和底部保留式两类。设计前需要明确广告位的大小，避免因底部被覆盖而导致信息展示得不全面。

① **全屏式开屏广告**。全屏式开屏广告是一种整体性的，能给用户带来沉浸式体验的广告形式。图 5-10 所示为全屏式开屏广告。

图5-10　全屏式开屏广告

② **底部保留式开屏广告**。底部保留式开屏广告是指在开屏广告的底部保留一定的尺寸，用于投放 App、Logo 以及宣传语，以达到增加 App 曝光度的目的。图 5-11 所示为底部保留式开屏广告。

图5-11　底部保留式开屏广告

2．按照广告目的划分

除了可按照广告位尺寸进行划分外，还可按照广告目的对开屏广告进行划分，如App下载、活动宣传、活动咨询、节日展现等。图5-12所示即为"6.18"的活动宣传开屏广告。除此之外，部分广告的投放目的是推广自己的App应用，以达到增加新用户的目的。图5-13所示为推广开屏广告。

图5-12　"6.18"活动宣传
开屏广告

图5-13　推广开屏广告

5.2.3 制作开屏广告图

本例将制作"淘宝 6.18"底部保留式开屏广告图，其目的是将活动信息通过开屏广告传递给更多的用户。本例在制作时以红色为主色，通过房子、文字的叠加，将促销氛围营造出来，最后在下方添加活动广告，以达到营销的目的，具体操作如下。

制作开屏广告图

步骤 01 启动 Photoshop CS6，执行【文件】/【新建】命令，打开"新建"对话框，设置"名称""宽度""高度""分辨率"分别为"6.18购物狂欢开屏广告""1080""1920""72"，单击 确定 按钮，如图 5-14 所示。

步骤 02 选择"椭圆工具" ，在工具属性栏的"填充"下拉列表框中，单击"渐变"按钮 ，设置"渐变"为"#fa1f5f ~ #a90b30"，设置"渐变样式"为"线性"，如图 5-15 所示。

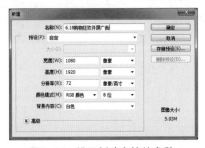

图5-14 设置新建文档的参数

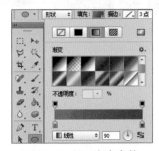

图5-15 设置渐变参数

步骤 03 在图像编辑区中绘制一个"2100 像素 ×2100 像素"的正圆，然后调整圆的位置，效果如图 5-16 所示。

步骤 04 新建图层，选择"钢笔工具" ，在图像左侧绘制图 5-17 所示的形状，并将其颜色填充为"#f63565"。

图5-16 绘制正圆

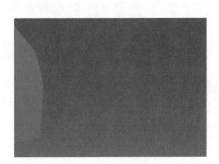

图5-17 绘制形状

步骤 05 新建图层，选择"钢笔工具" ，在图像的上方绘制图 5-18 所示的形状，并为其填充颜色为"#fa1f5f ~ #a90b30"的渐变。

步骤 06 选择"直线工具" ，在形状中绘制颜色为"#ca1542"的直线段，并将其倾斜显示，效果如图 5-19 所示。

图5-18　绘制其他形状

图5-19　绘制倾斜的直线段

步骤 07 选择"矩形工具" ，在直线段的上下方绘制 8 个颜色为"#ca1542"的矩形，并将它们倾斜显示，完成单个楼层的绘制，效果如图 5-20 所示。

步骤 08 打开"图层"面板，单击"创建新组"按钮 创建新组，选中除圆外的所有图层，将它们拖动到新组中，并将组的名称修改为"形状 1"。

步骤 09 选择"矩形工具" ，在形状的右侧绘制一个颜色为"#e22856"、大小为"170像素 ×500 像素"的矩形。

步骤 10 按【Ctrl+T】组合键，使矩形呈可变换状态，单击鼠标右键，在弹出的快捷菜单中执行"斜切"命令，拖动右侧的两个控制点，使其倾斜显示，如图 5-21 所示。

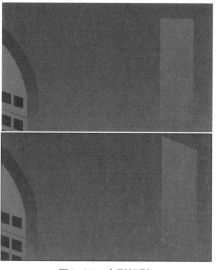

图5-20　绘制矩形

图5-21　变形矩形

步骤 (11) 使用相同的方法，绘制出两个颜色分别为 "#f4447e" "#b50e37" 的矩形并将它们倾斜显示，效果如图 5-22 所示。

步骤 (12) 选中顶部的矩形，双击其图层名称右侧的空白区域，打开 "图层样式" 对话框，单击选中 "渐变叠加" 复选框，设置 "渐变" 为 "#ed8f5e ~ #ec215a"，单击 [　　确定　　] 按钮，如图 5-23 所示。完成后创建新组，并将组的名称修改为 "形状 2"。

图5-22　绘制矩形　　　　　　　　　图5-23　设置渐变叠加参数

步骤 (13) 使用相同的方法，绘制出其他矩形，并依次创建新组，再按照前面的方法修改组的名称，效果如图 5-24 所示。

步骤 (14) 打开 "图层" 面板，选中所有的组，设置图层混合模式为 "穿透"。

步骤 (15) 选中最后面创建的两个形状组，设置 "不透明度" 为 "50%"，效果如图 5-25 所示。

图5-24　绘制其他矩形　　　　　　图5-25　设置图层混合模式和不透明度后的效果

步骤 (16) 打开 "图层" 面板，选中最上方的图层组，单击 "添加图层蒙版" 按钮 ▣ ，给形状图层添加图层蒙版，设置"前景色"为"#000000"，选择"画笔工具" ，在工具属性栏中设置"画笔"为"硬边圆"、"画笔大小"为"110"，在形状的下方进行涂抹使其与圆的边缘对齐，效果如图5-26所示。

步骤 ⑰ 选择"横排文字工具" T，输入"年中大促"文字，在工具属性栏中设置"字体"为"汉仪雪君体简"、"文本颜色"为"#ffffff"，调整文字的大小和位置，效果如图5-27所示。

图5-26 添加图层蒙版

图5-27 输入并调整文字

步骤 ⑱ 双击文字所在图层右侧的空白区域，打开"图层样式"对话框，单击选中"描边"复选框，在"填充类型"下拉列表框中选择"渐变"选项，设置"渐变"为"#ff6528 ~ #921ead"。

步骤 ⑲ 单击选中"投影"复选框，设置"颜色""距离""扩展""大小"分别为"#9f1034""25""28""32"，单击 确定 按钮，如图5-28所示。

步骤 ⑳ 选择"圆角矩形工具" ，在文字的下方绘制一个颜色为"#c0113d"、大小为"626像素×63像素"的圆角矩形。

步骤 ㉑ 选择"横排文字工具" T，输入"活动时间：2020.6.1—2020.6.18"文字，在工具属性栏中设置"字体"为"Adobe 黑体 Std"、"文本颜色"为"#ffffff"，调整文字的大小和位置，效果如图5-29所示。

步骤 ㉒ 打开"6.18 购物狂欢开屏广告素材 .psd"素材文件（配套资源:\ 素材 \ 第 5 章 \6.18 购物狂欢开屏广告素材 .psd），将其拖动到图像上，调整其大小和位置，效果如图5-30所示。

步骤 ㉓ 打开"调整"面板，单击"曲线"按钮 ，打开曲线"属性"面板，在曲线上方确定一点作为调整点向上拖动，增加亮度与对比度，在曲线下方确定一点作为调整点向下拖动，降低亮度与对比度，曲线"属性"面板与图片效果如图5-31所示。

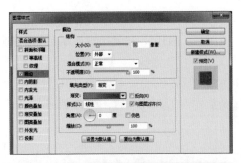

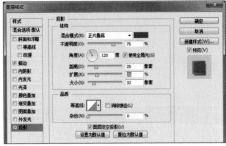

图5-28　设置描边、投影参数

图5-29　输入并调整活动时间文字

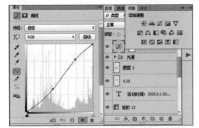

图5-30　添加并调整素材

图5-31　曲线"属性"面板与图片效果

步骤 ㉔ 选择"横排文字工具" T.,输入"理想生活就看 6.18"文字,在工具属性栏中设置"字体"为"方正粗圆简体"、"文本颜色"为"#000000",调整文字的大小和位置,效果如图 5-32 所示。

步骤 ㉕ 选择"圆角矩形工具" ⬜.,在文字的下方绘制一个颜色为"#e60012"、大小为"600 像素 ×100 像素"的圆角矩形。

步骤 ㉖ 选择"横排文字工具" T.,输入"点击进入"文字,在工具属性栏中设置"字体"为"方正粗圆简体"、"文本颜色"为"#ffffff",调整文字的大小和位置,完成后的效果如图5-33 所示。

图5-32 输入并调整文字 图5-33 完成后的效果

步骤 ㉗ 完成后按【Ctrl+S】组合键保存文件,完成本例的制作(配套资源:\ 效果 \ 第 5章 \6.18 购物狂欢开屏广告 .psd)。

5.3 Banner设计

　　Banner 是指在 App 页面的顶部、底部或两侧使用的矩形广告图,常用于推广某个品牌或者某件商品,是企业或商家进行促销和营销的一种重要手段。下面对 Banner 的设计要点和设计方法分别进行介绍。

5.3.1 Banner的设计要点

在进行 Banner 设计前需要先明确设计主题，然后根据主题进行构图，再进行配色与设计。下面将从这几点出发，分别对其设计要点进行介绍。

1. 主题

在进行 Banner 设计前需要先明确设计主题。Banner 中的主题选择都需要围绕一个方向，如是为某个节日主题活动制作活动宣传 Banner，还是针对某一个品牌进行推广主题设计。一般情况下，主题通过商品和文字来体现。将活动内容提炼成简洁的文字，再将其放在 Banner 的第一视觉点上，能够让用户直观地看到企业想要展现的内容。在编辑文字时，字体不要超过 3 种，建议用稍大或个性化的字体来突出主题的内容。图 5-34 所示为一张主题活动 Banner，它通过放射的场景，体现出了活动的氛围，通过"狂欢再续"文字点明了活动的主题，使整体效果不但视觉美观，而且主题明确。

图5-34 主题活动Banner

2. 构图

构图直接影响着 Banner 的效果，其主要分为左右构图、左中右三分式构图、上下构图和斜切构图 4 种。

① **左右构图**。左右构图是比较典型的构图方式，一般分为左图右文或是左文右图两种模式。图 5-35 所示的左侧为文字右侧为图片，即为典型的左右构图。

② **左中右三分构图**。左中右三分构图是常用的构图方式，Banner 两侧一般为图片，中间为文字，其相对于左右构图更具有层次感。图 5-36 所示即采用了左中右构图的方式，左右两侧为两个矢量人物图片，中间为文字。

③ **上下构图**。上下构图即为上图下文或上文下图。图 5-37 所示即采用了上文下图的构图方式，上方为文字介绍，下面为内容展现。

图5-35　左右构图

图5-36　左中右三分构图

图5-37　上下构图

④ **斜切构图**。斜切构图主要是指将文字或素材图片倾斜，使画面产生时尚、动感、活跃的效果。图 5-38 所示即采用了斜切的构图方式，斜切的文字能让整体效果变得生动。

图5-38　斜切构图

3. 配色

Banner不仅需要进行主题和构图的选择，还需要进行色彩的搭配。在配色时，重要的文字信息用突出醒目的颜色进行强调，通过明暗对比以及不同颜色的搭配来确定对应的风格，并且背景的颜色应该统一，不要使用太多的颜色，以免页面杂乱。图5-39所示为使用粉色为主色，黄色和白色为点缀色的Banner，其不但视觉美观，而且尽显温馨感。

图5-39　配色效果

5.3.2　制作横幅广告Banner

本例将制作早春上新的横幅广告Banner，在设计时采用左右构图的方式，使整个画面显得对称；在配色上以浅蓝色和黄色为主色，以深蓝色、白色为点缀色，不但简约，而且美观；在文字上采用斜切的文字，使整体效果显得生动活泼，具体操作如下。

制作横幅广告Banner

步骤01 启动Photoshop CS6，执行【文件】/【新建】命令，打开"新建"对话框，设置"名称"为"横幅广告Banner"、"宽度"为"620"、"高度"为"314"，单击 ▢确定 按钮，如图5-40所示。

步骤02 设置"前景色"为"#bde1dd"，按【Alt+Delete】组合键填充前景色，效果如图5-41所示。

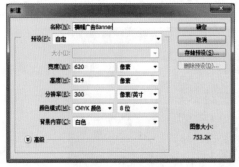

图5-40　新建文件

图5-41　填充前景色

步骤 03 新建图层，选择"钢笔工具" ⌀ ，绘制图 5-42 所示的形状，按【Ctrl+Enter】组合键将路径转换为选区，设置"前景色"为"#f4d690"，再按【Alt+Delete】组合键填充前景色。

步骤 04 选择"矩形工具" □ ，绘制一个颜色为"#294376"、大小为"50 像素 ×300 像素"的矩形。

步骤 05 按【Ctrl+T】组合键使矩形呈可变形状态，在矩形上确定一点后单击并按住鼠标左键向下拖动，以倾斜矩形，完成后将其移动到左上角，如图 5-43 所示。

图5-42 绘制形状并填充前景色　　　图5-43 绘制并倾斜矩形

步骤 06 选择"直线工具" ╱ ，在矩形上绘制两条颜色为"#ebf1f9"的直线，效果如图 5-44 所示。

步骤 07 选中矩形和直线所在图层，按住【Alt】键不放，向下拖动以复制形状，效果如图 5-45 所示。

图5-44 绘制直线

图5-45 复制形状

步骤 08 打开"星星形状 .psd"素材文件（配套资源：\ 素材 \ 第 5 章 \ 星星形状 .psd），将其拖动到形状上，调整其大小和位置，效果如图 5-46 所示。

步骤 09 选择"多边形工具" ◯ ，在工具属性栏中单击 ⚙ 按钮。在打开的下拉列表框中，单击选中"平滑拐角""星形""平滑缩进"复选框，然后设置"缩进边依据"为"5%"，然后在"边"右侧的文本框中输入"32"。

步骤⑩ 在图像的左侧绘制一个"190 像素 ×190 像素"的多边形，并设置其填充颜色为"#ffffff"，如图 5-47 所示。

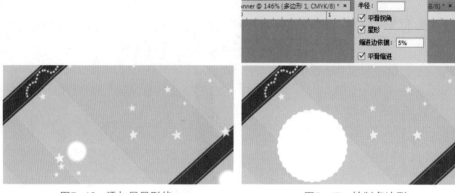

图5-46　添加星星形状　　　　　　　图5-47　绘制多边形

步骤⑪ 使用相同的方法，绘制出大小为"100 像素 ×100 像素""110 像素 ×110 像素"的多边形，并设置它们的填充颜色分别为"#ffffff""#274172"，效果如图 5-48 所示。

步骤⑫ 打开"横幅广告 Banner 素材 .psd"素材文件（配套资源：\ 素材 \ 第 5 章 \ 横幅广告 Banner 素材 .psd），将其中的素材拖动到多边形上，调整其大小和位置，效果如图 5-49 所示。

图5-48　绘制多边形　　　　　　　　图5-49　添加素材

步骤⑬ 选择"横排文字工具" T，输入"新春上新""抢先看"文字，在工具属性栏中设置"字体"为"思源黑体 CN"、"文本颜色"为"#274172"，调整文字的大小和位置，效果如图 5-50 所示。

步骤⑭ 选择"横排文字工具" T，输入"SPRING FASHION!"文字，在工具属性栏中设置"字体"为"方正流行体简体"、"文本颜色"为"#274172"，调整文字的大小和位置，并将文字倾斜显示，效果如图 5-51 所示。

步骤⑮ 双击文字图层，打开"图层样式"对话框，单击选中"投影"复选框，设置"混合模式"为"正常"、"颜色"为"#ffffff"、"不透明度"为"100"、"距离"为"7"、"扩展"为"20"，单击 确定 按钮，如图 5-52 所示。

图5-50 输入文字

图5-51 输入"SPRING FASHION!"文字

图5-52 设置投影参数

步骤⑯ 使用相同的方法,输入"早春流行季"文字,在工具属性栏中设置"字体"为"方正品尚准黑简体",添加投影和倾斜文字,效果如图 5-53 所示。

步骤⑰ 选择"椭圆工具" ○,绘制一个颜色为"#ffffff"、大小为"90 像素 × 90 像素"的椭圆。

步骤⑱ 选择"横排文字工具" T,输入"马上查看"文字,在工具属性栏中设置"字体"为"思源黑体 CN"、"文本颜色"为"#274172",调整文字的大小和位置,完成后的效果如图 5-54 所示。

图5-53 添加投影和倾斜文字

图5-54 完成后的效果

步骤⑲ 完成后按【Ctrl+S】组合键保存文件,完成本例的制作(配套资源：\效果\第 5章\横幅广告 Banner.psd)。

5.4 实战案例

经过前面的学习，读者对开屏广告图设计、Banner 的设计方法有了一定的了解，接下来可通过实战案例巩固所学知识。

5.4.1 实战：制作阅读App开屏广告

实战目标

本实战将制作阅读 App 的全屏式开屏广告，该广告主要是推广自己的 App 应用，以达到增加新用户的目的。在制作时以"阅读 养心"为主题，在设计上采用浅灰色为主色，用翻书的场景来体现阅读的趣味性，再通过"恬淡虚无　精神内守"等文字将古韵感体现出来，整体效果不但更具有吸引力，而且迎合"阅读 养心"主题，完成后的参考效果如图5-55 所示。

制作阅读App开屏广告

图5-55　完成后的阅读App开屏广告

实战思路

根据实战目标，下面对阅读 App 开屏广告进行制作。

步骤 01 启动 Photoshop CS6，执行【文件】/【新建】命令，打开"新建"对话框，设置"名称""宽度""高度""分辨率"分别为"阅读 App 开屏广告""1080""1920""72"，单击 确定 按钮，如图 5-56 所示。

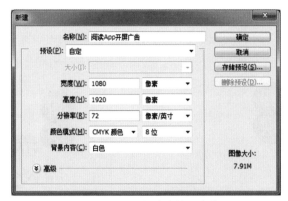

图5-56 设置新建文档的参数

步骤 02 设置"前景色"为"#eaeaea",按【Alt+Delete】组合键填充前景色。

步骤 03 打开"阅读 App 开屏广告素材 .psd"素材文件（配套资源：\ 素材 \ 第 5 章 \ 阅读 App 开屏广告素材 .psd），将其中的翻书素材拖动到图像下方，调整其大小和位置，效果如图 5-57 所示。

步骤 04 打开"图层"面板，单击"添加图层蒙版"按钮 ◙ ，为翻书素材添加图层蒙版，设置"前景色"为"#000000"，选择"画笔工具" ✐ ，在书页的上方进行涂抹，使书页与背景更加融合，效果如图 5-58 所示。

图5-57 添加素材

图5-58 添加图层蒙版

步骤 05 选择"椭圆工具" ◯ ，绘制两个颜色为"#444243"、大小为"270 像素 ×270 像素"的椭圆。

步骤 06 选择"直排文字工具" |T ，输入"阅读"文字，在工具属性栏中设置"字体"为"思源黑体 CN"、"文本颜色"为"#fdfdfe"，调整文字的大小和位置，效果如图 5-59 所示。

步骤 07 选择"直排文字工具" IT. ，输入图5-60所示的文字，在工具属性栏中设置"字体"为"方正隶二简体"、"文本颜色"为"#444243"，调整文字的大小和位置，效果如图5-60所示。

图5-59 绘制圆并输入文字

图5-60 输入其他文字

步骤 08 打开"阅读App开屏广告素材.psd"素材文件，将其中的印章素材拖动到右侧文字上方，调整其大小和位置。

步骤 09 完成后按【Ctrl+S】组合键保存文件，完成本例的制作，完成后的效果如图5-61所示（配套资源：\效果\第5章\阅读App开屏广告.psd）。

步骤 10 为适应不同型号的手机，可打开手机模板素材，将完成后的效果拖动到手机模板中（配套资源：\素材\第5章\手机模板.psd），调整广告图的大小和位置，效果如图5-62所示。

图5-61 完成后的效果

图5-62 应用到手机模板中

5.4.2　实战：制作年货节宣传Banner

实战目标

本实战将制作以"年终囤货"为主题的年货节宣传 Banner，在制作时以黄色为背景色，用三角形确定 Banner 的中心点，再将 Banner 宣传内容居中显示，便于用户查看，完成后的参考效果如图 5-63 所示。

图5-63　年货节宣传Banner

实战思路

根据实战目标，下面对年货节宣传 Banner 进行制作。

步骤 01 启动 Photoshop CS6，执行【文件】/【新建】命令，打开"新建"对话框，设置"名称"为"年货节宣传 Banner"、"宽度"为"620"、"高度"为"314"，单击 确定 按钮，如图 5-64 所示。

步骤 02 设置"前景色"为"#f0c71f"，按【Alt+Delete】组合键填充前景色。

步骤 03 打开"年货节背景 .psd"素材文件（配套资源:\ 素材 \ 第 5 章 \ 年货节背景 .psd），将素材拖动到图像上，调整其大小和位置，并设置图层的混合模式为"叠加"、"不透明度"为"10%"，效果如图 5-65 所示。

图5-64　新建文件　　　　　　　　　图5-65　添加背景素材

步骤 04 选择"多边形工具" ⬡ ，在工具属性栏中单击 ⚙ 按钮，在打开的下拉列表框中，取消选中"平滑拐角""星形""平滑缩进"复选框，然后在"边"右侧的文本框中输入"3"，再在图像中绘制三角形，效果如图 5-66 所示。

步骤 05 选中三角形所在图层，单击鼠标右键，在弹出的快捷菜单中执行"栅格化图层"命令，然后按住【Ctrl】键不放单击三角形前的缩略图，以载入选区。

步骤 06 执行【选择】/【修改】/【收缩】命令，打开"收缩选区"对话框，设置"收缩量"为"12"，单击 确定 按钮，如图 5-67 所示。

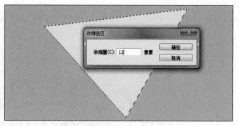

图5-66　绘制三角形　　　　　　　　　　　图5-67　输入收缩量值

步骤 07 按【Delete】键删除选区，按【Ctrl+D】组合键取消选区，效果如图 5-68 所示。

步骤 08 双击三角形所在图层，打开"图层样式"对话框，单击选中"斜面和浮雕"复选框，设置"样式""深度""大小""高光模式"的"颜色"和"阴影模式"的"不透明度"分别为"外斜面""50""8""#e3b22d""67"，如图 5-69 所示。

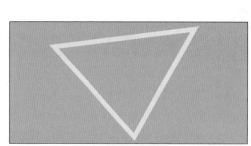

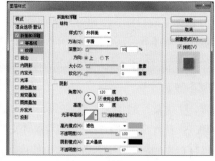

图5-68　删除选区　　　　　　　　　　图5-69　设置斜面和浮雕参数

步骤 09 单击选中"渐变叠加"复选框，设置"不透明度""渐变"分别为"100""#e5b62f ~ d7830f"，单击 确定 按钮，如图 5-70 所示。

步骤 10 打开"三角形状 .psd"素材文件（配套资源：\ 素材 \ 第 5 章 \ 三角形状 .psd），将素材拖动到图像中间，调整其大小和位置，效果如图 5-71 所示。

图5-70　设置渐变叠加参数　　　　　　　图5-71　添加三角形状素材

步骤⑪　打开"渐变背景.psd"素材文件（配套资源：\素材\第5章\渐变背景.psd），将素材拖动到图像上，调整其大小和位置，并设置图层的混合模式为"柔光"、"不透明度"为"50%"，效果如图5-72所示。

步骤⑫　新建图层，选择"钢笔工具"，在图像中间绘制图5-73所示的形状，并将其颜色填充为"#030000"。

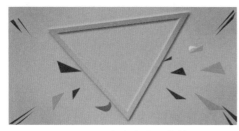

图5-72　添加渐变背景素材　　　　图5-73　绘制形状

步骤⑬　双击形状图层，打开"图层样式"对话框，单击选中"描边"复选框，设置"大小""位置""不透明度""颜色"分别为"8""外部""100""#d95d15"，单击 确定 按钮，如图5-74所示。

步骤⑭　选择"横排文字工具"，输入"年"文字，在工具属性栏中设置"字体"为"方正大黑简体"、"文本颜色"为"#00ffd2"，调整文字的大小和位置，并将其倾斜显示，效果如图5-75所示。

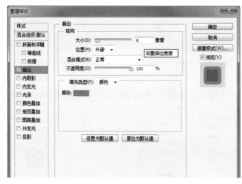

图5-74　设置描边参数　　　　图5-75　输入"年"文字

步骤⑮　双击"年"字所在图层，打开"图层样式"对话框，单击选中"投影"复选框，设置"颜色""不透明度""距离"分别为"#067b65""100""3"，单击 确定 按钮，如图5-76所示。

步骤⑯　使用与前面相同的方法，继续在右侧输入"终囤货节"文字，并设置"文本颜色""投影颜色"分别为"#ffed37""#e59616"，效果如图5-77所示。

步骤⑰　选择"横排文字工具"，输入"热卖商品＿＿"文字，在工具属性栏中设置"字体"为"思源黑体CN"、"文本颜色"为"#ffffff"，调整文字的大小和位置，效果如图5-78所示。

图5-76 设置投影参数

图5-77 输入"终囤货节"文字

步骤 ⑱ 双击"热卖商品 ＿ ＿"文字所在图层，打开"图层样式"对话框，单击选中"描边"复选框，设置"大小""位置""不透明度""颜色"分别为"8""外部""100""#1e1b1c"，单击 确定 按钮，如图 5-79 所示。

图5-78 输入"热卖商品__"文字

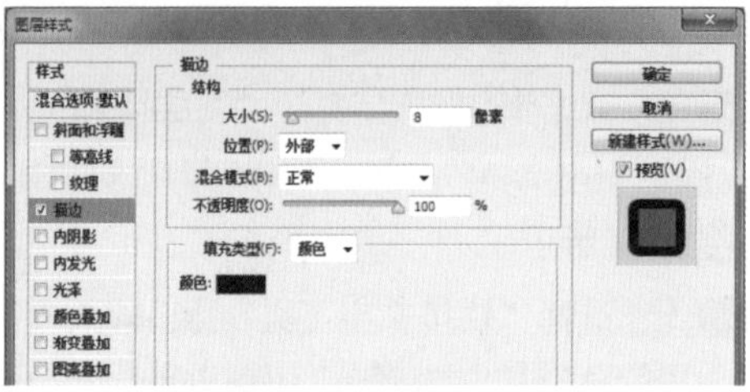

图5-79 设置描边参数

步骤 ⑲ 新建图层，选择"钢笔工具" ，在文字的下方绘制图 5-80 所示的形状，并将其颜色填充为"#d61b1e"。

步骤 ⑳ 双击"热卖商品 ＿ ＿"形状所在图层，打开"图层样式"对话框，单击选中"描边"复选框，设置"大小""颜色"分别为"9""#0b0306"，单击 确定 按钮，如图 5-81 所示。

图5-80 绘制形状

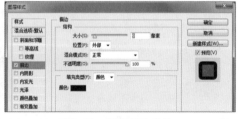

图5-81 设置描边参数

步骤 ㉑ 选择"横排文字工具" ，输入"点击查看 Go"文字，在工具属性栏中设置"字体"为"思源黑体 CN"、"文本颜色"为"#ffffff"，调整文字的大小和位置，并为"Go"文字所在图层添加描边图层样式，效果如图 5-82 所示。

步骤 ㉒ 打开"调整"面板，单击"曲线"按钮 ，打开曲线"属性"面板，在曲线上方确定一点作为调整点向上拖动，以增加亮度与对比度，在曲线下方确定一点作为调整点向下拖动，以降低亮度与对比度。

步骤 23 单击"色相/饱和度"按钮🔳，打开色相/饱和度"属性"面板，设置"色相""饱和度"分别为"-1""+21"，如图 5-83 所示。

图5-82 输入"点击查看 Go"文字

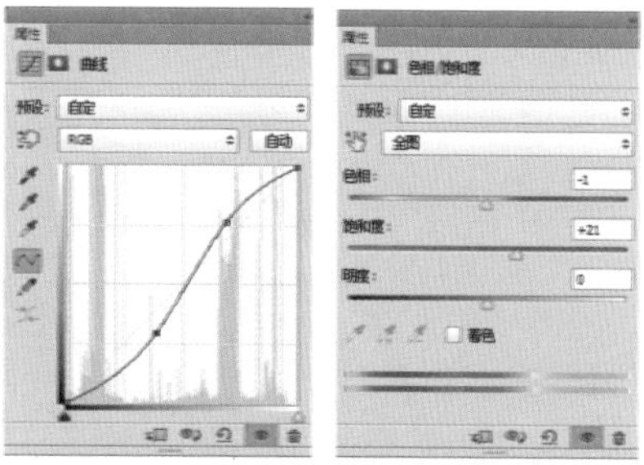

图5-83 设置曲线和色相/饱和度

步骤 24 完成后按【Ctrl+S】组合键保存文件，完成本例的制作，完成后的效果如图 5-84 所示（配套资源：\效果\第 5 章\年货节宣传 Banner.psd）。

图5-84 完成后的效果

5.5 课后习题

（1）本习题将制作以世界微笑日为主题的开屏广告，在制作时以橙色、黄色为主色，用微笑的形状点明主题，再在下方通过文字进行说明，让主题内容更加明确，效果如图 5-85 所示（配套资源：\效果\第 5 章\世界微笑日开屏广告 .psd）。

（2）本习题将打开"语文数学培训课 Banner 素材 .psd"素材（配套资源：\素材\第 5 章\语文数学培训课 Banner 素材 .psd），进行语文数学培训课 Banner 的制作，在制作时用"+、-、×、÷、铅笔、圆规"等素材，来点明培训内容，再通过文字点明主题，效果如图 5-86 所示（配套资源：\效果\第 5 章\语文数学培训课 Banner.psd）。

图5-85 世界微笑日开屏广告

图5-86 语文数学培训课Banner

第6章

新媒体美工视频设计

随着新媒体的发展，文字和图片的组合展现已很难满足用户对观感的需求，此时视频成了新媒体平台满足用户对观感需求的重要途径。视频的展现方式更加简单、明了，形式更加新颖，也更加符合当下的时代潮流，能帮助用户更加全面、清晰地了解企业的具体信息。因此，视频的拍摄与制作也是新媒体美工的必备技能之一。本章先对视频的基础知识进行讲解，再对其制作方法进行介绍。

6.1 视频的基础知识

为了能更好地达到营销的目的，很多企业会以视频的形式传递企业的形象、商品的信息，此时视频的拍摄与制作就成为新媒体美工需要重点掌握的内容。在进行视频拍摄前，需要掌握一定的技术和方法，下面先讲解视频的特点、常见视频类别、视频的定位，再对视频的拍摄方法进行介绍。

6.1.1 视频的特点

视频是一种互联网内容传播方式，是能够给人带来更为直观的感受的一种表达形式。在新媒体中，视频常通过短视频的形式进行展现，其特点如图6-1所示。

时长多保持在10分钟内　内容充实紧凑　多元化传播

图6-1　新媒体视频的特点

随着移动互联网的不断发展，视频凭借自身强大的优势逐渐成为用户查看信息的一种重要方式。视频的优点是能在短时间内完整地表述一件事情或者一个热点，以此吸引用户的注意力。

6.1.2 常见视频类别

视频的种类是多种多样的，下面将从内容表现形式和制作方式上对视频进行划分，帮助读者更好地区分视频。

1. 从内容表现形式上划分

视频从内容表现形式上可被划分为宣传视频、活动视频、商品视频等，下面分别进行介绍。

① **宣传视频**。宣传视频即通过视频的展现，将企业的形象、文化和商品信息进行诠释，并把它传递给广大用户，从而树立企业或商品的良好形象、打响品牌，吸引更多用户消费。一般来说，宣传视频可细分为不同类型，如企业宣传视频、商品宣传视频、公益宣传视频和招商宣传视频等。图6-2所示为企业宣传视频。该视频以企业从成立到发展的时间线作为宣传的主要内容，起到了宣传和推广企业的作用。

② **活动视频**。活动视频与宣传视频类似，即为个人、组织或企业根据举办活动的内容所制作的视频，一般以会议、庆典、博览等形式进行呈现。图6-3所示为企业年会活动视频。该视频以企业的宣传标语为视频开头，然后依次叙述活动内容，起到介绍活动的作用。

图6-2　企业宣传视频

图6-3　企业年会活动视频

③ **商品视频**。在对商品进行展现的过程中，简单的图片很难完整地展现商品的全貌，此时企业可通过视频对其进行全方位展现。视频不仅让商品的展现方式变得多样，还可增加展现效果的美观度。图6-4所示为淘宝中一款羽绒服的视频，其通过展现商品细节，来体现商品的质量。

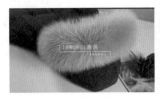

图6-4　羽绒服视频

2．从制作方式上划分

视频从制作方式上可被划分为短片视频、微电影等，下面分别进行介绍。

① **短片视频**。短片视频是指由多个系列短片组合而成，短片与短片紧密联系，以此构成一个完整的故事的视频形式。一般而言，系列短片可以分为两种，即系列广告和微剧集。系列广告是指在同一媒体平台或不同的媒体平台上轮番传播的一组广告，而这一组广告是基于同一主题同一风格发展的超过一种以上的创意表现。图6-5所示为不同海景的短片视频。微剧集是专门为网络视频用户制作的，是通过互联网播放的一类网络连续剧。

图6-5　不同海景的短片视频

② **微电影**。微电影即微型电影,又称微影,是互联网时代下新兴的一种电影形式,具有内容短小精悍、制作成本低、互动性强和投放精准等特点。微电影常常将人类的情感诉求融入其中,因此企业可借由这种方式传递品牌的价值和观念。图 6-6 所示为一款公益微电影,其通过展现小纸团的"一生",给用户传递"别让借口阻碍行动"的理念。

图6-6 公益微电影

6.1.3 视频的定位

视频是一种互联网内容传播方式,时长一般要求在 10 分钟以内。视频常用于企业或产品的介绍,主要起到展示企业理念、品牌价值、商品功能等信息,增强用户信任,加深品牌印象,进而激发用户购买欲望的作用。视频定位可以分为 5 个部分:市场定位、内容定位、风格定位、用户定位、标题定位,下面分别进行分析。

① **市场定位**。市场定位是指对产品的销售人群、企业的传播人群等进行分析,根据分析结果和商品特点来准确地定位市场。

② **内容定位**。在制作视频前需要先对视频进行内容定位,如果该视频主要用作企业的宣传,那么在视频中可对企业的品牌文化、发展历程等进行展现,这样用户才能对企业有更深入的认识。又如,需要为某品牌的商品制作推广视频,那么在视频中除了展现商品,还可分享商品制作流程、工艺亮点等内容。个人可选择自己喜欢的、擅长的、熟悉的领域,对内容进行定位,如你是一个美食专家,那么可选择美食作为主要内容进行视频拍摄和展现。

③ **风格定位**。风格定位是指企业和个人长期使用一种表达方式,从而在用户心中形成一个固定的印象。不同的视频内容具有不同的风格,如幽默诙谐、搞笑、动漫等,可根据企业类型、商品信息、个人才艺等来定位视频的展现风格。

④ **用户定位**。用户定位主要根据商品价值、商业价值和获取难度来确定。商品价值是指用户对商品的需求是否足够强烈,只有对商品有需求的用户,才是有价值的用户。商业价值是指用户数量、用户消费能力、商品传播能力等,其中,用户消费能力是体现商品价值的关键因素,如果用户消费能力低,那么则需要考虑是否要转换目标用户群体。如果传播内容对用户存在很大价值,那么用户自然会自主传播内容。获取难度是指打动用户的难易程度和成本,注意,获取用户的成本一定要低于其商业价值,否则将出现亏损。

⑤ **标题定位**。标题也是吸引用户浏览的关键,新颖的标题可引起用户的好奇心,从而吸引用户观看视频。写标题的关键是:新奇+精准锁定目标人群+精准的需求+大众

化关键词。

6.1.4 视频的拍摄

当对视频有了一定的认识后，即可开始拍摄视频。拍摄前需要先了解视频拍摄的要求，再掌握视频拍摄的流程，最后进行视频的拍摄。

1. 视频拍摄的要求

一个高品质的视频是吸引用户点击的重要因素，为了让拍摄出来的视频得到用户的喜爱，视频拍摄通常需满足以下要求。

① **保持画面稳定**。画面稳定是视频拍摄的核心。拍摄时尽量使用三脚架，避免因变焦而出现画面模糊不清的情况。若没有三脚架，可右手正常持机，左手扶住屏幕使摄像机稳定，若胳膊肘能够顶住身体找到第3个支点，则摄像机将会更加稳定；还可双手紧握摄像机，将摄像机的重心放在腕部，同时保持身体平衡，并借助依靠物来稳定重心，如墙壁、柱子、树干等。若需要进行移动拍摄，也要保证双手紧握摄像机，将摄像机的重心放在腕部，两肘夹紧肋部，双腿跨立，以稳住身体重心。只有保证了摄像机的稳定性，才能拍摄出更好的视频效果。

② **保持画面水平**。保持摄像机处于水平状态，尽量让画面在取景器内保持水平，这样拍摄出来的影像才不会倾斜。因此，在拍摄过程中，应确保取景的水平线（如地平线）和垂直线（如电线杆或大楼）与取景器或液晶屏的边框保持平行。

③ **合理掌控拍摄时间**。视频需要通过不同的镜头来展示不一样的效果。同一个动作或同一个场景通过几段甚至十几段不同镜头的视频连续进行展现会生动许多，因此可分镜头拍摄多段视频，然后将多段视频剪辑成一个完整的视频。拍摄视频时还需对拍摄时间进行控制，保证特写镜头控制在2～3秒，中近景镜头3～4秒，中景镜头5～6秒，全景镜头6～7秒，大全景镜头6～11秒，而一般镜头控制在4～6秒为宜。有效控制拍摄时间，可以方便后期制作，还可以让观看者看清楚拍摄的场景并明白拍摄者的意图。

④ **合理运用拍摄视角**。在拍摄视频时，若一镜到底，则可能会较乏味，因此，可在不同的拍摄视角进行拍摄，以展示拍摄主体的不同角度。镜头由下而上拍摄主体，可以使被拍摄主体的形象变得高大；镜头由上而下拍摄主体，可使被拍摄主体的形象变得渺小且产生戏剧性的效果；镜头由远而近拍摄主体，可以使被拍摄主体的形象由小变大，不仅能够突出被拍摄主体的整体形象，还能够突出主体的局部细节；镜头由近而远拍摄主体，可以使被拍摄主体的形象由大变小，从而与整体的画面形象形成一种对比、反衬等效果。注意在拍摄过程中移动速度要匀称，除特殊情况外，不能时快时慢。

2. 视频拍摄的流程

拍摄视频前需要先明确拍摄视频的类型，再准备道具、模特与场景等，然后再进行视频的拍摄。完成拍摄后，即可对视频进行合成，使整体效果更加符合需求。下面对视频拍摄的流程进行介绍。

（1）了解拍摄视频的类型

在拍摄视频前需要对拍摄视频的类型进行了解，如是拍摄商品视频、企业宣传视频、品牌推广视频，还是拍摄微电影。只有对拍摄视频的类型有所了解后，才能对道具和场景等进行准备，然后根据拍摄视频的类型来选择拍摄的器材和布光等。图6-7所示为家用智能扫地机器人商品视频的视频截图。在有限的时间内，该视频展示了该款商品精准定位、智能化的特点。

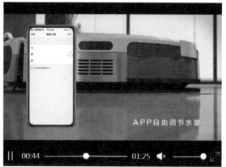

图6-7　扫地机器人视频截图

（2）道具、模特与场景的准备

了解了拍摄视频的类型后，并非直接开始进行视频拍摄，还需要做好准备工作，如准备道具、模特及布置场景等。

① 道具。视频拍摄可选择的道具种类很多，具体可根据实际需要进行选择。如在室内拍摄的某个场景，可选择该场景中的道具，当需要更换场景时，再选择其他适合更换后场景的道具。道具的选择要适当，避免出现场景杂乱的现象。

② 模特。不同类型的视频对模特的需求不同，因此应根据视频的需求选择模特。因为模特是为视频内容服务的，所以不能出现主次不分的情况。

③ 场景。拍摄的场景包括室内场景和室外场景。室内场景需要考虑灯光、背景和布局等；而室外拍摄时需要选择一个合适的环境，避免在人物繁杂的环境中进行拍摄。无论是室内场景还是室外场景，都需要多方位展示拍摄的内容并拍摄多组视频，以便后期的挑选与剪辑。

（3）视频拍摄

道具等准备完成后即可进行视频的拍摄，在拍摄过程中需要保持画面的平衡，然后根据拍摄视频的内容依次进行视频的拍摄。图6-8所示为拍摄短视频的过程。

新手在拍摄视频时总是抓不住重点，导致拍摄的视频没有亮点。下面讲解一些视频拍摄的方法，按照这些方法拍摄的视频将更有吸引力。

图6-8　拍摄短视频的过程

① **多个角度进行拍摄**。对同一物体进行不同角度的拍摄，这样拍摄的商品面貌也有所不同，有利于后期的制作和全方位地展示商品。

② **围绕主体拍摄**。拍摄视频时要围绕拍摄的主体或中心事物进行拍摄。中心事物可以是一个或几个，但中心人物的行为、情绪与言语是贯穿整个视频的逻辑主线，不必对所有在场的人物都进行详细的介绍。

③ **细节的刻画**。细节刻画的好坏对衡量一个视频的优劣有着举足轻重的作用。优秀的视频拍摄者会进行全方位的观察，利用镜头捕捉并刻画微妙的细节。

（4）后期合成

视频拍摄完成后，需要将拍摄的主体部分进行多场景的组合；还需根据要求添加字幕、音频、转场和特效等。这些操作需要用视频编辑软件完成。常用的视频编辑软件包括会声会影、Adobe Premiere、快剪辑等。

6.2　视频的制作

掌握了视频的基础知识后，即可进行视频的制作。本节主要使用快剪辑视频编辑软件来完成视频的制作，先制作企业宣传视频，再制作商品视频，让读者快速掌握视频的制作方法。

6.2.1　制作企业宣传视频

本小节将使用快剪辑软件来制作企业宣传视频。该视频的前半段为企业的简单描述，后半段为企业的工业展现，让企业的形象显得不那么单调。本例在制作时需要先对企业的成立时间、发展过程等进行介绍，然后添加企业 Logo 使整体效果更加完整，最后对视频进行保存。具体操作如下。

制作企业宣传视频

步骤 01 打开快剪辑软件后，单击页面上方的 新建项目 按钮，打开"选择工作模式"对话框，选择"专业模式"选项，如图 6-9 所示。

步骤 ⑫ 进入快剪辑视频编辑软件的操作界面，单击 `▶ 本地视频` 按钮，打开"打开"对话框，选择"片头 .mp4、片中 .mp4"素材文件（配套资源:\ 素材 \ 第 6 章 \ 片头 .mp4、片中 .mp4），单击 `打开(O)` 按钮，如图 6-10 所示。

图6-9　选择工作模式　　　　　　　　　　　图6-10　添加视频素材

步骤 ⑬ 此时可发现素材已经添加到右侧空白区域中了，依次单击视频右侧的 ➕ 按钮，将素材添加至项目时间轴中，如图 6-11 所示。

 经验之谈

读者可根据自身的水平以及视频的要求选择工作模式。

步骤 ⑭ 将时间轴拖动到开头，单击"添加字幕"选项卡，在打开的素材库中选择"万花筒字幕"字幕样式，单击 ➕ 按钮添加字幕样式，如图 6-12 所示。

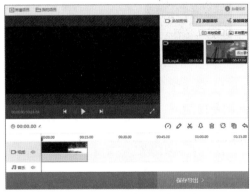

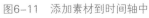

图6-11　添加素材到时间轴中　　　　　　　图6-12　选择字幕样式

步骤 ⑮ 打开"字幕设置"对话框，在时间轴上单击 ▸ 按钮，将其向右拖动到第 12 秒处，以调整文字的显示时间，然后单击"浏览和调整位置"中的文字并按住鼠标左键向下拖动，以调整文字位置，如图 6-13 所示。

步骤 06 在对话框右侧的"字幕样式"下拉列表框中，依次输入字幕内容，如图 6-14 所示。

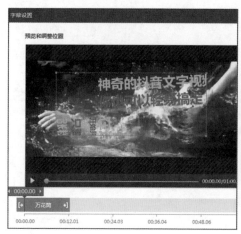

图6-13　调整文字的显示时间和位置　　　　　　图6-14　输入字幕内容

步骤 07 单击"效果"选项卡，在其下方的下拉列表框中选择第 2 排第 1 种字体样式，如图 6-15 所示。

步骤 08 单击"颜色"选项卡，在其下方的下拉列表框中选择第 2 排第 1 种颜色效果，如图 6-16 所示。

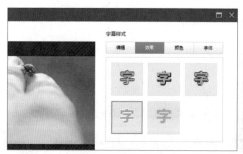

图6-15　选择字体样式　　　　　　　　　　图6-16　选择颜色效果

步骤 09 单击"字体"选项卡，在其下方的下拉列表框中选择"方正粗圆简体"字体样式，然后单击 保存 按钮，完成字体的设置，如图 6-17 所示。

步骤 10 此时，单击 ▶ 按钮，即可浏览设置后的字体效果，如图 6-18 所示。

步骤 11 将时间轴拖动到两个视频的交汇处，单击"添加转场"选项卡，在打开的素材库中选择"向右擦除"选项，单击 ＋ 按钮添加转场，如图 6-19 所示。

步骤 12 在时间轴上选中添加后的转场，按住鼠标左键向右拖动，将转场时长调整到"01.08 秒"处，如图 6-20 所示。

步骤 13 在时间轴的上方单击 ∠ 按钮，使右侧的文本框呈可编辑状态，输入"00:20.00"，如图 6-21 所示。

图6-17 选择字体样式

图6-18 设置后的字体效果

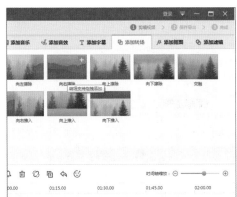

图6-19 添加转场到时间轴中

图6-20 调整转场时间

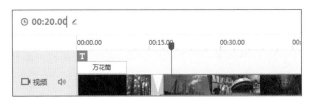

图6-21 调整时间

步骤⑭ 单击"添加字幕"选项卡，在其下方单击"资讯"选项卡，在打开的素材库中选择第 2 排第 4 种字幕样式，单击 ➕ 按钮添加字幕样式，如图 6-22 所示。

步骤⑮ 打开"字幕设置"对话框，在左侧的文本框中依次输入"机械化操作""工人和机器的结合，让操作变得简单"文字，然后在"字幕样式"列表框中选择第 3 排第 1 种样式，完成后单击 保存 按钮，如图 6-23 所示。

图6-22　选择字幕样式

图6-23　输入文字并设置字幕样式

步骤⑯ 使用相同的方法，在视频中添加其他文字，效果如图 6-24 所示。

步骤⑰ 选中第 1 部分视频，单击上方的"复制"按钮 ▣，复制视频，此时可发现复制的视频直接显示在视频的结尾处，如图 6-25 所示。

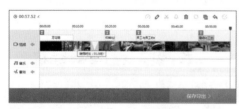

图6-24　添加其他文字

图6-25　复制视频

步骤⑱ 选中复制的视频，单击"添加滤镜"选项卡，在打开的素材库中选择"风之谷"滤镜样式，单击滤镜上方的 ➕ 按钮添加滤镜，如图 6-26 所示。

步骤⑲ 单击"添加剪辑"选项卡，单击 🖼本地图片 按钮，打开"打开"对话框，在其中选择需要添加的标志（配套资源:\素材\第 6 章\标志.jpg），单击 打开(O) 按钮，如图 6-27 所示。

步骤⑳ 返回快剪辑页面，可发现标志已经添加到列表中了，将标志添加到时间轴的尾部，并单击 保存导出 > 按钮，如图 6-28 所示。

步骤㉑ 进入导出页面，在"保存路径"文本框中设置文件的保存路径，完成后单击 开始导出 按钮，如图 6-29 所示。

图6-26　添加滤镜

图6-27　打开标志

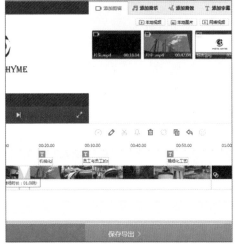

图6-28　单击"保存导出"按钮

图6-29　设置保存路径

步骤 22 打开"填写视频信息"对话框，在"标题"文本框中输入"企业宣传视频"，单击 下一步 按钮，如图 6-30 所示。

步骤 23 打开"导出视频"对话框，稍等片刻即可完成视频的导出，单击 完成 按钮，如图 6-31 所示。

图6-30　输入标题名称

图6-31　导出视频

步骤 24 完成后关闭快剪辑，打开保存后的视频，即可播放制作的视频，完成本例的制作，完成后的效果如图6-32所示（配套资源：\效果\第6章\企业宣传视频.mp4）。

图6-32 完成后的效果

6.2.2 制作商品展示视频

本小节将使用快剪辑软件来制作商品展示视频。该视频主要是对商品进行介绍，在视频的前面通过疑问提出问题，后面则通过对商品的展现，对提出的问题进行解答，然后为视频添加声音，使整个视频效果更加完整。具体操作如下。

制作商品展示视频

步骤 01 打开快剪辑，单击页面上方的 新建项目 按钮，打开"选择工作模式"对话框，选择"专业模式"选项，进入快剪辑视频编辑软件的操作页面，单击 本地视频 按钮，打开"打开"对话框，选择"商品展示视频.mp4"素材文件（配套资源：\素材\第6章\商品展示视频.mp4），单击 打开(O) 按钮，将素材添加至项目时间轴中，效果如图6-33所示。

步骤 02 选中素材，在项目时间轴中将时间轴拖动至"00:11.00"处，在工具栏中单击"编辑"按钮 ，打开"编辑视频片段"对话框，在对话框顶部选择"标记"选项，如图6-34所示。

图6-33 添加素材

图6-34 编辑视频片段

步骤 03 在右侧的"标记样式"下方选择"箭头"选项，在画面中绘制出箭头形状，设置其"持续时间"为"01.36秒"，完成后单击 完成 按钮，如图6-35所示。

步骤 04 单击"添加字幕"选项卡，在打开的字幕素材库中选择第2排第1列的字幕样式，单击该字幕样式右上角的 + 按钮，如图6-36所示。

图6-35 绘制箭头形状并设置其持续时间　　　　图6-36 选择字幕样式

步骤 05 打开"字幕设置"对话框，拖动字幕框的位置，在文字上双击，使其进入可编辑状态，修改文字为"牙齿发黄怎么办？"并设置该文字的"持续时间"为"01.52秒"，完成后单击 保存 按钮，如图6-37所示。

经验之谈

在设置文字的出现和持续时间时，可拖动视频下方的滑块进行预览，以准确地控制文字的出现和持续时间。

步骤 06 选中素材，在工具栏中单击"编辑"按钮 ，打开"编辑视频片段"对话框，拖动视频预览框下方的滑块至"00:14.32"处，继续选择"标记"选项，在画面中绘制一个箭头形状，设置其"持续时间"为"02.52秒"，完成后单击 完成 按钮，如图6-38所示。

图6-37 输入文字并设置其持续时间　　　　图6-38 绘制箭头形状并设置其持续时间

步骤 07 单击"添加字幕"选项卡，在打开的字幕素材库中单击第2排第1列字幕样式右上角的 按钮，打开"字幕设置"对话框，拖动字幕框的位置，并修改文字为"多种美白护齿模式"，设置文字的"持续时间"为"02.36秒"，完成后单击 保存 按钮，如图6-39所示。

步骤 08 在项目时间轴中将时间轴拖动至"00:17.16"处，单击"添加字幕"选项卡，使用相同的方法打开字幕库中第2排第2列字幕样式的"字幕设置"对话框，修改文字为"银离子护龈刷毛 护龈、柔软、清洁效果更强"，设置文字的"持续时间"为"03.52秒"，调整文字的位置，完成后单击 保存 按钮，如图6-40所示。

图6-39 选择字幕样式并修改文字

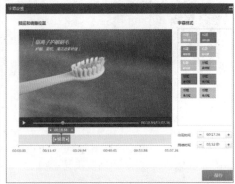
图6-40 选择字幕样式并修改文字

步骤 09 选中素材，使用相同的方法在"00:21.20"处添加相同的字幕，并修改文字为"美白呵护，关爱牙齿 美白是刷出来的"，设置文字的"持续时间"为"04.88秒"，完成后单击 保存 按钮，如图6-41所示。

步骤 10 选中素材，使用相同的方法在"00:26.16"处添加相同的字幕，并修改文字为"美白效果看得见 呵护牙齿，关心你"，设置文字的"持续时间"为"03.40秒"，完成后单击 保存 按钮，如图6-42所示。

步骤 11 选中素材，使用相同的方法在"00:30.00"处添加字幕素材库中第1排第2列的字幕样式，并修改文字为"全身防水"，设置文字的"持续时间"为"04.36秒"，完成后单击 保存 按钮，如图6-43所示。

步骤 12 选中素材，在工具栏中单击"编辑"按钮 ✏️，打开"编辑视频片段"对话框，拖动视频预览框下方的滑块至"00:35.08"处，继续选择"标记"选项，在画面中绘制一个箭头形状，设置其持续时间为"03.60秒"完成后单击 完成 按钮，如图6-44所示。

图6-41 修改文字与文字的持续时间

图6-42 修改文字与文字的持续时间

图6-43 选择字幕样式并修改文字

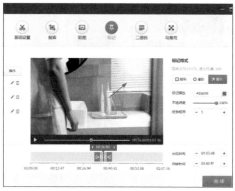

图6-44 设置箭头的持续时间

步骤13 在项目时间轴中将时间轴拖动至"00:35.08"处，单击"添加字幕"选项卡，在打开的字幕素材库中单击第1排第2列字幕样式右上角的➕按钮，打开"字幕设置"对话框，拖动字幕框的位置，并修改文字为"无线感应式充电"，设置文字的"持续时间"为"03.60秒"，完成后单击 保存 按钮，如图6-45所示。

步骤14 使用相同的方法制作出其他视频片段的字幕，部分效果如图6-46所示。

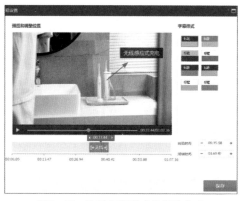

图6-45 选择字幕样式并修改文字

图6-46 添加字幕后的其他效果

图6-46　添加字幕后的其他效果（续）

💬 *经验之谈*

在添加字幕时，字幕的大小与样式要根据当前视频的内容与商品所要表达的效果来确定，尽量保证其大小适中、颜色协调。

步骤⑮ 单击"添加音效"选项卡，在打开的页面中单击 🎵本地音效 按钮，打开"打开"对话框，选择"Ukulele Song.mp3"选项（配套资源：\ 素材 \ 第 6 章 \Ukulele Song.mp3），单击 打开(O) 按钮，音频素材被导入至音效轨中，如图 6-47 所示。

步骤⑯ 将时间轴拖动至视频轨素材结束的位置，单击"分割"按钮✂，音频素材被分割为两段，如图 6-48 所示。

图6-47　导入音效素材　　　　　　　图6-48　分割音效素材

步骤⑰ 选中第 2 段音频素材，按【Delete】键删除，选中第 1 段音频素材，单击"音量"按钮🔊，打开选项面板，在其中单击选中"淡入淡出"复选框，如图 6-49 所示，完成后保存视频（配套资源：\ 效果 \ 第 6 章 \ 商品展示视频 .mp4）。

图6-49　设置音效效果

6.3 实战案例——制作汽车宣传视频

实战目标

　　本实战将制作汽车宣传视频。该视频的前面将对汽车使用人群进行展现，然后对汽车的零部件等进行展现。该视频不仅能展现汽车的性能，还能达到宣传的目的。在制作时先添加描述文字，再添加背景音乐，完成后的参考效果如图 6-50 所示。

制作汽车宣传视频

图6-50　汽车宣传视频

实战思路

　　根据实战目标，下面对汽车宣传视频进行制作。

步骤 01　打开快剪辑，单击页面上方的 新建项目 按钮，打开"选择工作模式"对话框,选择"专业模式"选项，如图 6-51 所示。

步骤 02　进入快剪辑视频编辑软件的操作页面，单击 本地图片 按钮，打开"打开"对话框，选择"汽车 Logo.jpg"素材文件（配套资源：\ 素材 \ 第 6 章 \ 汽车 Logo.jpg），单击 打开(O) 按钮，添加图片，如图 6-52 所示。

图6-51　选择工作模式

图6-52　添加汽车Logo素材

步骤 03 使用相同的方法，添加"汽车宣传片素材 .mp4"素材文件（配套资源:\ 素材 \ 第 6 章 \ 汽车宣传片素材 .mp4 ），然后将时间轴定位到 Logo 与视频的交叉处，单击"添加转场"选项卡，在打开的下拉列表框中选择"向上擦除"选项，单击右上方的➕按钮添加转场，如图 6-53 所示。

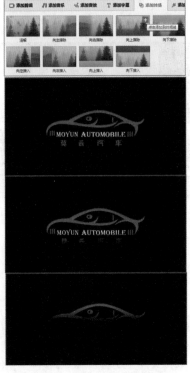

图6-53　添加转场后的效果

步骤 04 将时间轴定位到"00:07.16"处,单击"添加字幕"选项卡,在打开的字幕素材库中选择第2排第1个字幕样式,单击该字幕样式右上角的 **+** 按钮添加样式,如图6-54所示。

步骤 05 打开"字幕设置"对话框,拖动字幕框的位置,在文字上双击,使其进入可编辑状态,修改文字为"| 汽车能让繁忙的生活变得更有趣味性 |",并设置该文字的"持续时间"为"03.00秒",完成后单击 保存 按钮,如图6-55所示。

图6-54 选择字幕样式

图6-55 输入文字

步骤 06 将时间轴定位到"00:12.52"处,单击"添加字幕"选项卡,在打开的字幕素材库中选择第3排第2个字幕样式,单击该字幕样式右上角的 **+** 按钮添加样式,如图6-56所示。

步骤 07 打开"字幕设置"对话框,拖动字幕框的位置,在文字上双击,使其进入可编辑状态,修改文字为"汽车能提升生活的精致度",并设置该文字的"持续时间"为"40.00秒",完成后单击 保存 按钮,如图6-57所示。

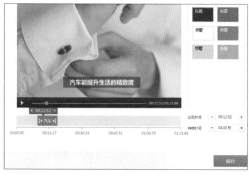

图6-56 选择字幕样式

图6-57 输入其他文字

步骤 08 使用相同的方法制作其他视频片段的字幕,部分效果如图6-58所示。

图6-58　添加其他文字

步骤 09 将时间轴定位到"00:37.80"处，单击"添加抠图"选项卡，在打开的素材库中选择"其他"抠图样式，在打开的列表框中，单击第2排第3个抠图样式右上角的 **+** 按钮，如图6-59所示。

图6-59　选择抠图样式

步骤 10 打开"抠图设置"对话框，在"预览和调整位置"下的展示框中调整火焰的位置和大小，然后设置其"持续时间"为"02.20 秒"，单击 <u>保存</u> 按钮，如图 6-60 所示。

图6-60　抠图设置

步骤 11 单击"添加音效"选项卡，在打开的界面中单击 本地音效 按钮，打开"打开"对话框，选择"英文歌曲 .mp3"选项（配套资源：\ 素材 \ 第 6 章 \ 英文歌曲 .mp3），单击 打开(O) 按钮，音频素材被导入至音效轨中，如图 6-61 所示。

图6-61　导入音效素材

步骤 12 将时间轴拖动至视频轨素材结束的位置，单击"分割"按钮 ，音频素材被分割为两段，如图 6-62 所示。

步骤⑬ 选中第2段音频素材，按【Delete】键删除，选中第1段音频素材，单击"音量"按钮 🔊，打开选项面板，在其中单击选中"淡入淡出"复选框，如图6-63所示。

步骤⑭ 单击 保存导出 按钮，进入导出界面，在"保存路径"文本框中设置文件的保存路径，完成后单击 开始导出 按钮，如图6-64所示。

图6-62 分割音效素材

图6-63 调整音效效果

图6-64 设置保存路径

步骤⑮ 打开"填写视频信息"对话框，在"标题"文本框中输入"汽车宣传视频"，单击 下一步 按钮，如图6-65所示。

步骤16 打开"导出视频"对话框，稍等片刻即可完成视频的导出，单击 完成 按钮，如图 6-66 所示。

步骤17 完成后关闭快剪辑，打开保存好的视频，即可播放制作的视频，完成本例的制作，完成后的效果如图 6-67 所示（配套资源：\效果\第 6 章\汽车宣传视频 .mp4）。

图6-65　输入标题名称

图6-66　导出视频

图6-67　完成后的效果

6.4　课后习题

（1）本习题将拍摄一组童装的视频。可先拍摄模特穿着童装的效果，营造出一种活泼、欢快的氛围，再单独展示童装的材质与工艺。要求对布料特征、无缝缝制、色彩缤纷等卖点进行展现，参考效果如图 6-68 所示。

图6-68　童装视频效果

（2）本习题将制作果蔬面粉的视频。在制作时要求将面粉的使用场景和制作氛围体现出来，并通过文字介绍，体现出面粉的卖点，然后添加音乐，以增加用户浏览量，参考效果如图 6-69 所示（配套资源：\ 效果 \ 第 6 章 \ 果蔬面粉生图视频 .mp4）。

图6-69　果蔬面粉视频

第7章

微信平台设计

　　微信是腾讯公司于 2011 年 1 月 21 日推出的一个为智能终端提供即时通信服务的免费应用程序，其提供的朋友圈、公众号、小程序等功能，深受广大用户的喜爱。微信作为一个运用范围广、使用人数多的即时通信工具，其设计直接影响好友对你的整体印象。若想要通过微信达到营销的目的，则更应该在其设计上下功夫。下面将从微信的账号头像、朋友圈、公众号、小程序出发，讲解微信平台的设计点与设计方法。

7.1 微信账号头像设计

微信账号头像作为给微信好友的第一印象，除了便于对于个人信息进行展示外，还可用于对店铺信息、活动内容、节日信息等进行展现。本例将制作用于店铺宣传的微信账号头像，该头像左侧为"猫"的形象，右侧为主题咖啡店的名称和主题，整体将猫的慵懒体现了出来，与文字中的"闲"相互呼应，其具体操作如下。

微信账号头像设计

步骤 01 启动 Photoshop CS6，执行【文件】/【新建】命令，打开"新建"对话框，设置"名称""宽度""高度""分辨率"分别为"微信账号头像""300""300""72"，单击 **确定** 按钮，如图 7-1 所示。

图7-1 设置新建文档的参数

步骤 02 选择"椭圆工具" ○，在工具属性栏中设置"填充"为"#ffc31b"，在图像左侧绘制一个"180 像素 ×180 像素"的正圆，如图 7-2 所示。

步骤 03 新建图层，选择"钢笔工具" ✐，在图像左侧绘制图 7-3 所示的形状，按【Ctrl+Enter】组合键将路径转换为选区，并将其颜色填充为"3c3c3c"。

图7-2 绘制正圆

图7-3 绘制小猫形状

步骤 04 选择"横排文字工具" T，输入"meow"文字，在工具属性栏中设置"字体"为"Chiller"、"文本颜色"分别为"#ffffff""#ffc31b"，调整文字的大小和位置，效果如图 7-4

所示。

步骤 05 选择"横排文字工具" T ,输入"浮生闲"文字,在工具属性栏中设置"字体"为"方正水柱简体"、"文本颜色"为"3c3c3c",调整文字的大小和位置,完成后的效果如图 7-5 所示。

步骤 06 完成后按【Ctrl+S】组合键保存文件,完成本例的制作(配套资源:\效果\第 7 章\微信账号头像 .psd)。

图7-4 输入"meow"文字

图7-5 完成后的效果

7.2 朋友圈设计

朋友圈是微信中的一个社交功能,用户可以通过朋友圈发表文字和图片,还可以将其他软件中的文章或者音乐分享到朋友圈。朋友圈不仅可作为朋友间的联络窗口,还是绝佳的营销场所,一个有个性、特色的朋友圈,能让更多的人记住你,从而达到营销的目的。下面将对朋友圈的设计方法进行介绍。

7.2.1 朋友圈封面设计

朋友圈封面是好友进入朋友圈的第一视觉点,在其中可对主题内容、节气信息、人物形象等进行展现。本例将制作以"休闲时光"为主题的朋友圈封面,在制作时以咖啡场景图为背景,通过文字的描述,将休闲感体现出来,从而契合主题,具体操作如下。

步骤 01 启动 Photoshop CS6,执行【文件】/【新建】命令,打开"新建"对话框,设置"名称""宽度""高度""分辨率"分别为"朋友圈封面""1280""1184""72",单击 确定 按钮,如图 7-6 所示。

步骤 02 设置"前景色"为"#293038",按【Alt+Delete】组合键填充前景色。

步骤 03 打开"朋友圈封面素材 .psd"素材文件(配套资源:\素材\第 7 章\朋友圈封面素材 .psd),将其拖动到图像上,调整其大小和位置,效果如图 7-7 所示。

图7-6 设置新建文档的参数

步骤 04 选择"横排文字工具" T ，依次输入"咖""啡""时""光"文字，在工具属性栏中设置"字体"为"方正稚艺简体"、"文本颜色"为"#c5c7ca"，调整文字的大小和位置，效果如图 7-8 所示。

图7-7 添加素材

图7-8 输入文字

步骤 05 选择"横排文字工具" T ，依次输入"KA""FEI""SHI""GUANG"文字，在工具属性栏中设置"字体"为"方正兰亭粗黑 -GBK"、"文本颜色"为"#c5c7ca"，调整文字的大小和位置，效果如图 7-9 所示。

步骤 06 选择"矩形工具" □ ，在工具属性栏中设置"填充"为"#2f3840"，在图像右侧绘制一个"115 像素 ×530 像素"的矩形。

步骤 07 选择"横排文字工具" T ，输入"浮生闲咖啡店"文字，在工具属性栏中设置"字体"为"方正兰亭粗黑 -GBK"、"文本颜色"为"#fefefe"，调整文字的大小和位置，效果如图 7-10所示。

步骤 08 打开"时间 .psd"素材文件（配套资源：\ 素材 \ 第 7 章 \ 时间 .psd），将其拖动到图像上，调整其大小和位置，完成后的效果如图 7-11 所示。

步骤 09 完成后按【Ctrl+S】组合键保存文件，完成本例的制作（配套资源：\ 效果 \ 第 7章 \ 朋友圈相册封面 .psd），图 7-12 所示则为该封面运用后的展现效果。

图7-9 输入其他文字

图7-10 绘制矩形并输入文字

图7-11 完成后的效果

图7-12 运用后的展现效果

7.2.2 朋友圈活动海报设计

朋友圈活动海报主要是针对某个促销活动而制作的海报，该海报常用求赞、求关注、点赞抽奖等形式，来达到提升人气和流量的目的。本例中的海报即为活动海报的常见方式，该海报以深浅不一的蓝色为主色，上方的搞笑矢量人物和文字的结合不仅将海报的主题体现了出来，还因为矢量人物的加入而提升了海报的吸引力；下方通过文字说明来达到求赞的目的，具体操作如下。

朋友圈活动海报设计

步骤 01 启动 Photoshop CS6，执行【文件】/【新建】命令，打开"新建"对话框，设置"名称"为"朋友圈促销海报"、"宽度"为"800"像素、"高度"为"2000"像素，其他属性保持默认设置不变，单击 **确定** 按钮，如图 7-13 所示。

步骤 02 设置"前景色"为"#a8dbec"，按
【Alt+Delete】组合键填充前景色。

步骤 03 新建图层，选择"钢笔工具" ，在
图层右上角绘制图7-14所示的形状，按
【Ctrl+Enter】组合键将路径转换为选区，设置
"前景色"为"#62b6d3"，再按【Alt+Delete】
组合键填充前景色。

步骤 04 打开"图层"面板，单击"添加图
层蒙版"按钮 ，为形状图层添加图层蒙版，

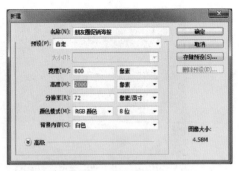

图7-13　新建文件

设置"前景色"为"#000000"，选择"画笔工具" ，在工具属性栏中设置"画笔"为"柔
边圆"、画笔"大小"为"349像素"，在形状的顶部单击，为形状添加图层蒙版，使其形
成颜色渐变的效果，如图7-15所示。

图7-14　绘制形状

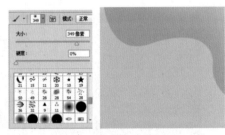

图7-15　添加图层蒙版

步骤 05 新建图层，选择"钢笔工具" ，在图层左下角绘制图7-16所示的形状，按
【Ctrl+Enter】组合键将路径转换为选区，设置"前景色"为"#086193"，再按【Alt+Delete】
组合键填充前景色。

步骤 06 打开"图层"面板，单击"添加图层蒙版"按钮 ，为形状图层添加图层蒙版，
设置"前景色"为"#000000"，选择"画笔工具" ，在形状的左下角进行涂抹，使其
形成颜色渐变的效果，如图7-16所示。

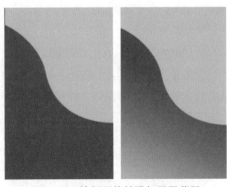

图7-16　绘制形状并添加图层蒙版

步骤 07 选中绘制的形状，打开"图层"面板，设置"不透明度"为"28%"，按【Ctrl+J】组合键复制图层，选中复制后的图层，设置图层混合模式为"正片叠底"，然后调整其位置和大小，并再次使用"画笔工具" 对多余区域进行涂抹，效果如图 7-17 所示。

图7-17　复制形状并添加图层混合模式

步骤 08 选择"椭圆工具"，在图像编辑区中绘制图 7-18 所示的正圆，并设置其填充颜色分别"#ffffff""#6bb9d5""#f5d142""#6aa6c1"。

步骤 09 使用前面相同的方法，分别为圆添加图层蒙版，并使用"画笔工具" 对圆中多余区域进行涂抹，效果如图 7-19 所示。

图7-18　绘制不同大小的圆

图7-19　添加图层蒙版

步骤 10 新建图层，选择"钢笔工具"，在图层右下角绘制图 7-20 所示的形状，并填充其颜色为"#5fa2b8"。

步骤 ⑪ 打开"图层"面板，单击"添加图层蒙版"按钮 🔲，为形状添加图层蒙版，设置"前景色"为"#000000"，选择"画笔工具" ✏，在形状的右下角进行涂抹，使其形成颜色渐变的效果。

步骤 ⑫ 选择"椭圆工具" ⬭，在图像左上角绘制图 7-21 所示的正圆，选中所有正圆，单击鼠标右键，在弹出的快捷菜单中执行"合并形状"命令，对圆进行合并操作。

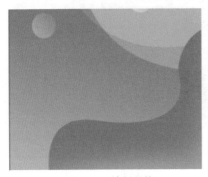

图7-20　绘制形状

图7-21　绘制并合并圆

步骤 ⑬ 新建图层，选择"钢笔工具" ✒，在图像左下角绘制图 7-22 所示的形状，并填充其颜色为"#ffffff"。

步骤 ⑭ 选择"椭圆工具" ⬭，在工具属性栏中取消填充，并设置"描边"为"#ffffff，10 点"，在图像中绘制图 7-23 所示的正圆。

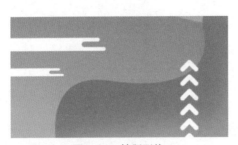

图7-22　绘制形状

图7-23　绘制圆

步骤 ⑮ 选择"椭圆工具" ⬭，在工具属性栏中取消描边，设置"填充"为"#f5d142"，在图像中绘制图 7-24 所示的正圆，使用与前面相同的方法添加图层蒙版，并对圆中多余区域进行涂抹，使其形成渐变效果。

步骤 ⑯ 打开"朋友圈促销海报素材 .psd"素材文件（配套资源：\素材\第 7 章\朋友圈促销海报素材 .psd），将其拖动到图像上，调整其大小和位置效果，效果如图 7-25 所示。

图7-24 绘制圆

图7-25 添加素材

步骤 ⑰ 选择"横排文字工具" [T]，依次输入"你""敢""扫""就""有""料"文字，在工具属性栏中设置"字体"为"华康海报体 W12(P)"、"文本颜色"为"#f030000"，调整文字的大小和位置，效果如图 7-26 所示。

步骤 ⑱ 双击"你"文字图层，打开"图层样式"对话框，单击选中"描边"复选框，设置"大小"为"10"、"颜色"为"#00141a"，如图 7-27 所示。

图7-26 输入文字

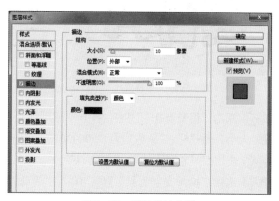

图7-27 设置描边参数

步骤⑲ 单击选中"颜色叠加"复选框，设置叠加颜色为"#f5e928"，单击 确定 按钮，如图 7-28 所示。

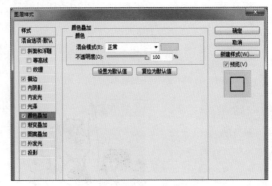

图7-28　设置颜色叠加参数

步骤⑳ 使用相同的方法，为其他文字添加图层样式，并在工具属性栏中设置"就""有""料"文字的颜色为"#f5b417"，效果如图 7-29 所示。

步骤㉑ 选择"自定形状工具" ，在工具属性栏中设置"填充"为"#ecca47"、"描边"为"#030000，1 点"，在"形状"下拉列表框中选择"会话 6"选项，在右侧人物的位置绘制选择的形状，效果如图 7-30 所示。

步骤㉒ 选择"横排文字工具" ，输入"集赞有礼""快 快 快"文字，在工具属性栏中设置"字体"为"汉仪雅酷黑 W"、"文本颜色"为"#ffffff"，调整文字的大小和位置，效果如图 7-31 所示。

图7-29　设置文字样式

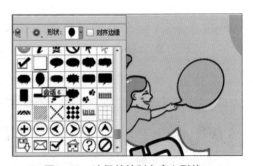

图7-30　选择并绘制自定义形状

步骤㉓ 双击"集赞有礼"图层，打开"图层样式"对话框，单击选中"描边"复选框，设置"大小"为"5"、"颜色"为"#060001"，单击 确定 按钮，如图 7-32 所示。

步骤㉔ 使用相同的方法，为"快 快 快"文字添加描边，效果如图 7-33 所示。

步骤㉕ 选择"横排文字工具" ，输入"活动时间　11.30-12.12"文字，在工具属性栏中设置"字体"为"思源黑体 CN"、"文本颜色"为"#456bb3"，调整文字的大小和位置，效果如图 7-34 所示。

图7-31　输入文字

图7-32　设置描边参数

图7-33　添加描边效果

图7-34　输入文字

步骤 26 双击文本所在图层,打开"图层样式"对话框,单击选中"描边"复选框,设置"大小"为"9"、"颜色"为"#ffffff",如图7-35所示。

图7-35　设置描边参数

步骤 27 单击选中"投影"复选框,设置"距离"为"14"、"大小"为"14",单击 确定 按钮,如图7-36所示。

步骤 28 选择"横排文字工具" T,输入图7-37所示的文字,在工具属性栏中设置"字体"为"思源黑体CN"、"文本颜色"为"#040000",调整文字的大小和位置,并将"18""58""128"文字倾斜显示。

步骤 29 打开"朋友圈促销海报素材.psd"素材文件,将其中的二维码拖动到图像上,调整其大小和位置。

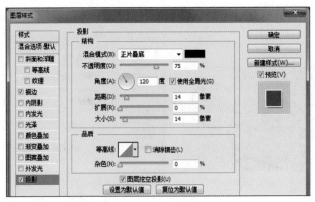

图7-36 设置投影参数

步骤 30 选择"矩形工具" □，在工具属性栏中设置"描边"为"#030000，3点"，在图像中绘制一个"710像素×260像素"的矩形，完成后的效果如图7-38所示。

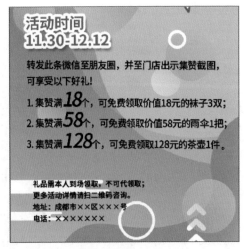

图7-37 输入说明文字

图7-38 完成后的效果

步骤 31 完成后按【Ctrl+S】组合键保存文件，完成本例的制作（配套资源：\效果\第7章\朋友圈促销海报.psd）。

7.3 微信公众号推文设计

微信公众号是企业在微信公众平台上申请的应用账号，而推文则是企业在公众号中发布的推送文章。该文章可以是广告促销，也可以企业某软件的操作方式，还可以是热点内容的推送。在制作推文广告时可先制作推文横幅广告，再输入推文内容，然后在下方插入广告或二维码，最后对封面图进行制作。下面将对推文各个部分的制作方法进行介绍。

7.3.1 公众号推文横幅广告设计

本小节将制作公众号推文横幅广告，该广告位于作者名称的下方，主要用于对公众号进行推广。本例将制作一则减肥公众号的广告，其中不仅对广告内容进行了说明，还对账号名称进行了简单介绍，具体操作如下。

公众号推文横幅广告设计

步骤 01 启动 Photoshop CS6，执行【文件】/【新建】命令，打开"新建"对话框，设置"名称"为"推文横幅广告"、"宽度"为"1080"、"高度"为"202"，单击 确定 按钮，如图 7-39 所示。

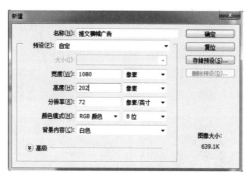

图7-39 新建文件

步骤 02 设置"前景色"为"#af4846"，按【Alt+Delete】组合键填充前景色，如图 7-40 所示。

步骤 03 新建图层，选择"钢笔工具" ，在图层右上角绘制图 7-41 所示的形状，按【Ctrl+Enter】组合键将路径转换为选区，设置"前景色"为"#c14f4b"，再按【Alt+Delete】组合键填充前景色。

图7-40 填充前景色

图7-41 绘制形状并填充颜色

步骤 04 使用相同的方法，新建图层，选择"钢笔工具" ，绘制形状并将其颜色填充为"#cf5f5c"，效果如图 7-42 所示。

步骤 ⑤ 打开"推文横幅广告素材 .psd"素材文件（配套资源：\ 素材 \ 第 7 章 \ 推文横幅广告素材 .psd），将其拖动到图像上，调整其大小和位置，效果如图 7-43 所示。

图7-42　绘制其他形状并填充颜色　　　　　　图7-43　添加素材

步骤 ⑥ 选中"胖人物"图层，按【Ctrl+J】组合键复制图层，将"前景色"设置为"#000000"，按【Alt+Delete】组合键填充前景色，然后设置"填充"为"20%"，效果如图 7-44 所示。

步骤 ⑦ 选择"横排文字工具"，输入"春节过年 胖 10 斤"文字，在工具属性栏中设置"字体"为"汉仪字研卡通"、"文本颜色"为"#ffffff"，调整文字的大小和位置，效果如图 7-45 所示。

图7-44　复制图层并设置填充颜色　　　　　图7-45　输入文字

步骤 ⑧ 选择"横排文字工具"，输入图 7-46 所示的文字，在工具属性栏中设置"字体"为"汉仪中圆简"、"文本颜色"为"#ffffff"，调整文字的大小和位置。

步骤 ⑨ 选择"圆角矩形工具"，在工具属性栏中取消填充，设置"描边"为"#ffffff，2 点"，绘制一个"150 像素 ×36 像素"的圆角矩形。

步骤 ⑩ 选择"直线工具"，在圆角矩形的两侧绘制两条直线，效果如图 7-47 所示。

图7-46　输入其他文字　　　　　　图7-47　绘制圆角矩形与直线

步骤 ⑪ 选择"矩形工具"，在工具属性栏中设置"填充"为"#5c2524"，绘制一个"320 像素 ×35 像素"的矩形。

步骤 ⑫ 完成后按【Ctrl+S】组合键保存文件，完成本例的制作，完成后的效果如图 7-48 所示（配套资源：\ 效果 \ 第 7 章 \ 推文横幅广告 .psd）。

图7-48　完成后的效果

7.3.2 公众号推文底部广告设计

公众号推文底部广告设计

本节将制作公众号推文底部广告，该广告位于推文的下方，主要起到对正文进行总结、对二维码进行添加和对广告内容进行展现和说明的作用。本例在制作推文的底部广告时，先通过图片将该广告与正文内容进行分割，再在下方通过简单的广告说明话语及矢量图和二维码的展现，来提升整个长图的美观度，具体操作如下。

步骤 01 启动 Photoshop CS6，执行【文件】/【新建】命令，打开"新建"对话框，设置"名称"为"推文底部广告"、"宽度"为"1080"、"高度"为"1500"，单击 确定 按钮，如图 7-49 所示。

图7-49 新建文件

步骤 02 选择"矩形工具" □，在图像顶部绘制一个颜色为"#eb6666"、大小为"1090像素 ×250 像素"的矩形，效果如图 7-50 所示。

步骤 03 打开"推文底部广告素材 .psd"素材文件（配套资源：\ 素材 \ 第 7 章 \ 推文底部广告素材 .psd），将其中的食物图片拖动到矩形上，按【Ctrl+Alt+G】组合键添加剪贴蒙版，然后调整其大小和位置，效果如图 7-51 所示。

图7-50 绘制矩形

图7-51 添加素材

步骤 04 选择"横排文字工具" T，输入图 7-52 所示的文字，在工具属性栏中设置"字体"为"汉仪小隶书简"、"文本颜色"为"#000000"，调整文字的大小和位置。

步骤 05 选择"横排文字工具" T，输入图 7-53 所示的文字，在工具属性栏中设置"字体"为"方正卡通简体"、"文本颜色"分别为"#000000""#e80808""#f89724""#eb6666"，调整文字的大小和位置。

图7-52　输入文字　　　　　　　　　　　　　　图7-53　输入其他文字

步骤 06 打开"推文底部广告素材 .psd"素材文件，将其中的矢量图像、二维码和松树图片依次拖动到图像下方，调整它们的大小和位置，效果如图 7-54 所示。

步骤 07 选择"横排文字工具" **T**，输入"扫一扫""了解更多内容"文字，在工具属性栏中设置"字体"为"汉仪小隶书简"、"文本颜色"分别为"#e80808""#000000"，调整文字大小和位置。

步骤 08 完成后按【Ctrl+S】组合键保存文件，完成本例的制作，完成后的效果如图 7-55 所示（配套资源：\效果\第 7 章\推文底部广告 .psd）。

图7-54　添加素材

图7-55　完成后的效果

7.3.3　公众号推文封面设计

在编辑公众号推文时，除了要在其顶部添加横幅广告和在底部添加底部广告外，当完成编辑后，还需要对推文的封面进行设计。好的封面不但能提升美观度，而且更具有吸引力，能起到吸引用户浏览的作用。本例将为减肥长推文制作封面，在制作时以红色为主色；右侧为减肥的人物，起到点题的作用；左侧为文字说明，起到吸引用户点击的作用，具体操作如下。

公众号推文封面设计

步骤 01 启动 Photoshop CS6，执行【文件】/【新建】命令，打开"新建"对话框，设置"名称"为"推文封面"、"宽度"为"900"、"高度"为"383"，单击 确定 按钮，如图 7-56 所示。

步骤 02 设置"前景色"为"#f7c0b7"，按【Alt+Delete】组合键填充前景色。

步骤 03 选择"圆角矩形工具" ，在工具属性栏中设置"填充"为"#eb6666"、"描边"为"#12120d，0.5 点"，绘制一个"815 像素 ×300 像素"的圆角矩形，效果如图 7-57 所示。

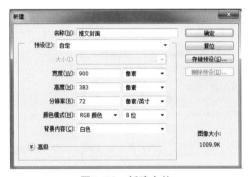

图7-56　新建文件

步骤 04 选择"椭圆工具" ，在图像编辑区中绘制图 7-58 所示的正圆，并设置其填充颜色为"#b81d2e"。

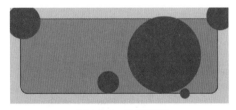

图7-57　绘制圆角矩形　　　　　　　　图7-58　绘制正圆

步骤 05 打开"推文封面素材 .psd"素材文件（配套资源:\素材\第 7 章\推文封面素材 .psd），将其中的人物图片拖动到大圆上，然后调整其大小和位置，效果如图 7-59 所示。

步骤 06 选择"横排文字工具" ，输入"新年减肥"文字，在工具属性栏中设置"字体"为"汉仪字研欢乐宋"、"文本颜色"为"#ffffff"，调整文字的大小和位置，效果如图 7-60 所示。

步骤 07 双击文字图层，打开"图层样式"对话框，单击选中"投影"复选框，设置"不透明度""角度""距离"分别为"82""138""7"，单击 确定 按钮，如图 7-61 所示。

图7-59　添加人物素材

图7-60　输入文字

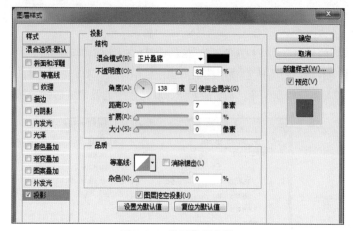

图7-61　设置投影参数

步骤 08 选择"圆角矩形工具" ⬜，在工具属性栏中设置"填充"为"#f5bf5a"、"描边"为"#12120d，2点"，绘制一个"210像素×54像素"的圆角矩形。

步骤 09 选择"横排文字工具" ⊤，输入"你知道吗？""……"文字，在工具属性栏中设置"字体"为"Adobe 黑体 Std"、"文本颜色"分别为"#1b314f""#ffffff"，调整文字的大小和位置，效果如图7-62所示。

步骤 10 选择"椭圆工具" ⬭，在工具属性栏中取消填充，设置"描边"为"#ffffff，2点"，绘制出多个不同大小的正圆，效果如图7-63所示。

图7-62　输入文字

图7-63　绘制正圆

步骤 11 选择"横排文字工具" ⊤，在圆上输入"X"文字，调整其大小和位置。

步骤 12 选择"钢笔工具" ✍，在工具属性栏中设置"描边"为"#ffffff，2点"，在圆中绘制图7-64中的形状。

步骤 13 完成后按【Ctrl+S】组合键保存文件，完成本例的制作（配套资源：\效果\第7

章 \ 推文封面 .psd ）。

图7-64　完成后的效果

7.4 微信小程序设计

微信小程序是一种不需要下载安装即可使用的应用程序。微信小程序实现了应用的"触手可及"，用户只需扫一扫或搜一搜即可打开应用。本节将以旅行微信小程序为主题，对该小程序的各个界面进行设计，使读者掌握不同小程序界面的设计方法。

微信小程序首页设计

7.4.1 微信小程序首页设计

本例将制作旅行微信小程序首页，该首页主要用于展现旅行网的主要内容，包括旅行日记、促销区、分类区和热门地区等；不同的模板拼合，使整体效果不但美观，而且更具有浏览性，具体操作如下。

步骤 01 启动 Photoshop CS6，执行【文件】/【新建】命令，打开"新建"对话框，设置"名称"为"说走就走旅行网"、"宽度"为"1080"、"高度"为"1920"，单击 确定 按钮，如图 7-65 所示。

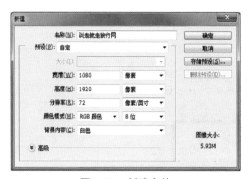

图7-65　新建文件

步骤 02 打开"说走就走旅行网首页素材 .psd"素材文件（配套资源 : \ 素材 \ 第 7 章 \ 说

走就走旅行网首页素材.psd），将其中的状态栏拖动到图像最上方，然后调整其大小和位置。

步骤 03 选择"横排文字工具" T，输入"说走就走旅行网"文字，在工具属性栏中设置"字体"为"汉仪舒同体简"、"文本颜色"为"#000000"，调整文字的大小和位置，效果如图 7-66 所示。

步骤 04 选择"矩形工具" □，在工具属性栏中设置"填充"为"#ffdfe2"，绘制一个"1080 像素 ×432 像素"的矩形。

步骤 05 在打开的"说走就走旅行网首页素材.psd"素材文件中，将首页图片 1 拖动到图像最上方，按【Ctrl+Alt+G】组合键，创建剪贴蒙版，然后调整其大小和位置，效果如图 7-67 所示。

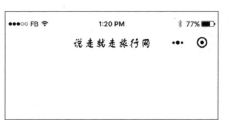

图7-66　添加状态栏并输入文字　　　　图7-67　绘制矩形并添加图片

步骤 06 选择"横排文字工具" T，输入图 7-68 所示的文字，在工具属性栏中设置"字体"分别为"方正韵动粗黑简体""思源黑体 CN"、"文本颜色"分别为"#000000""#fffafa"，调整文字的大小和位置。

步骤 07 选择"圆角矩形工具" □，在工具属性栏中设置"填充"为"#e60012"，绘制一个"210 像素 ×42 像素"的圆角矩形，效果如图 7-68 所示。

步骤 08 选择"矩形工具" □，在图像顶部绘制颜色分别为"#e4eefa""#d6fbfc""#fbebee"、大小分别为"450 像素 ×680 像素""595 像素 ×325 像素""595 像素 ×325 像素"的矩形，效果如图 7-69 所示。

图7-68　输入文字并绘制圆角矩形　　　　图7-69　绘制不同颜色、大小的矩形

步骤09 在打开的"说走就走旅行网首页素材 .psd"素材文件中，将其中的单个素材拖动到不同矩形上，然后调整它们的大小和位置，然后按【Ctrl+Alt+G】组合键创建剪贴蒙版，效果如图 7-70 所示。

步骤10 选择"横排文字工具" **T**，输入图 7-71 所示的文字，在工具属性栏中设置"字体"为"思源黑体 CN"、"文本颜色"分别为"#333333""#666666""#ff0000"，调整文字的大小和位置。

图7-70　添加素材并创建剪贴蒙版

图7-71　输入文字

步骤11 选择"矩形工具" **口**，在图像下方绘制颜色分别为"#5969f8""#fd7b97""#4dc9ff""#54d7a6"、大小为"265 像素 ×145 像素"的 4 个矩形，效果如图 7-72 所示。

步骤12 选择"横排文字工具" **T**，输入图 7-73 所示的文字，在工具属性栏中设置"字体"为"思源黑体 CN"、"文本颜色"为"#ffffff"，调整文字的大小和位置。

图7-72　绘制不同颜色的矩形

图7-73　输入文字

步骤13 选择"圆角矩形工具" **口**，在工具属性栏中设置"填充"分别为"#2441e0""#e72751""#298ab4""#0faa74"，在"GO>"文字的位置绘制"103 像素 ×30 像素"的圆角矩形，效果如图 7-74 所示。

步骤14 选择"矩形工具" **口**，在工具属性栏中设置"填充"为"#ffdfe2"，绘制一个"1080 像素 ×288 像素"的矩形。

步骤15 在打开的"说走就走旅行网首页素材 .psd"素材文件中，将上海图片拖动到绘制的矩形上，调整其大小和位置，然后按【Ctrl+Alt+G】组合键创建剪贴蒙版，效果如图 7-75 所示。

图7-74　绘制不同颜色的圆角矩形　　　　　图7-75　添加图片并创建剪贴蒙版

步骤 16 选择"矩形工具" □ ，在图像顶部绘制一个颜色为"#000000"、大小为"1080 像素 ×60 像素"的矩形，并设置其"不透明度"为"30%"，效果如图 7-76 所示。

步骤 17 新建图层，选择"钢笔工具" ，在上海图片的左上角绘制图 7-77 所示的形状，按【Ctrl+Enter】组合键将路径转换为选区，设置"前景色"为"#ffffff"，再按【Alt+Delete】组合键填充前景色。

步骤 18 选择"横排文字工具" T ，输入"上海"文字，调整文字的大小和位置。

图7-76　绘制矩形并设置其不透明度　　　　图7-77　绘制形状并输入文字

步骤 19 在打开的"说走就走旅行网首页素材 .psd"素材文件中，将矢量图片拖动到图像中，调整其大小和位置．

步骤 20 选择"横排文字工具" T ，输入"首页""搜索""发现""用户"文字，调整文字的大小和位置，并设置"文本颜色"分别为"#fa3c81""#666666"，完成后的效果如图 7-78 所示。

步骤 21 完成后按【Ctrl+S】组合键保存文件，完成本例的制作（配套资源：\效果\第 7 章\说走就走旅行网 .psd）。

💬 经验之谈

　　在微信小程序中，合理的布局能够帮助用户在各个元素之间建立起某种联系，使用户能快速地在画面中找到想要的东西，达到最大程度吸引用户浏览的目的。常见的布局方式有顶部导航布局、九宫格布局、竖排列表布局、抽屉式布局、弹出框布局、热门标签布局，具体内容可扫描二维码进行了解。

微信小程序常见布局方式

图7-78 完成后的效果

7.4.2 微信小程序搜索页设计

本例将制作旅行微信小程序搜索页，该页面主要用于搜索首页中未被显示的内容，或是单个地名等内容，方便用户进行信息的搜索。本例将制作以红色为主色的搜索页，在页面的最上方是搜索框，下方则为热门风景区的介绍，不但美观，而且实用，具体操作如下。

微信小程序搜索页设计

步骤 01 启动 Photoshop CS6，执行【文件】/【新建】命令，打开"新建"对话框，设置"名称"为"说走就走旅行网搜索页"、"宽度"为"1080"、"高度"为"1920"，单击 确定 按钮，如图 7-79 所示。

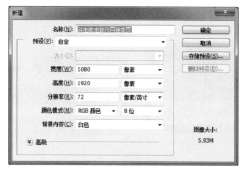

图7-79 新建文件

步骤 02 选择"矩形工具" ▢,在工具属性栏中设置"填充"为"#e35c4a",绘制一个"1080像素 ×425 像素"的矩形。

步骤 03 选择"圆角矩形工具" ▢,在工具属性栏中设置"填充"为"#f5f5f5",在矩形中绘制一个"1010 像素 ×115 像素"的圆角矩形,效果如图 7-80 所示。

步骤 04 打开"说走就走旅行网搜索页素材 .psd"素材文件（配套资源:\ 素材 \ 第 7 章 \ 说走就走旅行网搜索页素材 .psd),将其中的状态栏拖动到图像最上方,然后调整其大小和位置,效果如图 7-81 所示。

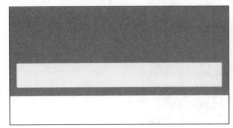

图7-80　绘制矩形和圆角矩形

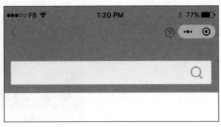

图7-81　添加素材

步骤 05 选择"横排文字工具" T,输入"搜索""搜你想搜的"文字,设置"字体"为"思源黑体 CN",调整文字的大小和位置,并设置"文本颜色"分别为"#ffffff""#999999",效果如图 7-82 所示。

步骤 06 选择"圆角矩形工具" ▢,在工具属性栏中设置"填充"为"#e35c4a",在矩形下方绘制几个不同大小的圆角矩形。

步骤 07 在打开的"说走就走旅行网搜索页素材 .psd"素材文件中,将火焰标志依次拖动到圆角矩形上,然后调整它们的大小和位置,效果如图 7-83 所示。

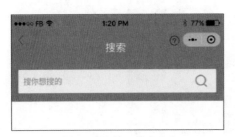

图7-82　输入搜索文字

图7-83　绘制圆角矩形并添加素材

步骤 08 选择"横排文字工具" T，输入图 7-84 所示的文字，在工具属性栏中设置"字体"为"思源黑体 CN"，调整文字的大小和位置，并设置"文本颜色"分别为"#ffffff""#999999"。

步骤 09 选择"自定形状工具" ⬡，在工具属性栏中设置"填充"为"#bbbbbb"，在"形状"下拉列表框中选择"箭头 2"选项，在"更多"文字右侧绘制选择的形状，效果如图 7-85 所示。

图7-84 输入文字

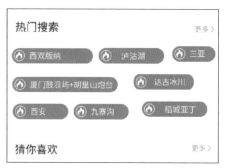

图7-85 绘制箭头2形状

步骤 10 选择"圆角矩形工具" ▢，在工具属性栏中设置"填充"为"#fc546c"，在"猜你喜欢"文字下方绘制"340 像素 ×352 像素"的 3 个圆角矩形。

步骤 11 在打开的"说走就走旅行网搜索页素材 .psd"素材文件中，将风景图片依次拖动到圆角矩形上，调整它们的大小和位置，分别按【Ctrl+Alt+G】组合键创建剪贴蒙版，效果如图 7-86 所示。

步骤 12 选择"横排文字工具" T，输入图 7-87 所示的文字，在工具属性栏中设置"字体"为"思源黑体 CN"，调整文字的大小和位置，并设置"文本颜色"分别为"#171717""#a7a7a7""#ffffff"。

图7-86 添加素材并创建剪贴蒙版

图7-87 输入文字并绘制圆角矩形

步骤 ⑬ 选择"圆角矩形工具" □ ，在工具属性栏中设置"填充"为"#fc546c"，在"订购"文字的位置绘制圆角矩形。

步骤 ⑭ 在打开的"说走就走旅行网搜索页素材 .psd"素材文件中，将矢量图片拖动到图像中，调整其大小和位置。

步骤 ⑮ 选择"横排文字工具" T ，输入"首页""搜索""发现""用户"文字，调整文字的大小和位置，并在工具属性栏中设置"文本颜色"分别为"#fa3c81""#666666"，完成后的效果如图 7-88 所示。

步骤 ⑯ 完成后按【Ctrl+S】组合键保存文件，完成本例的制作（配套资源：\效果\第 7 章\说走就走旅行网搜索页 .psd）。

图7-88 完成后的效果

7.4.3 微信小程序会员中心页设计

本例将制作旅行微信小程序会员中心页，该页面主要用于展现用户的个人中心；在制作时以红色为主色，再依次对个人信息进行罗列，其具体操作如下。

微信小程序会员中心页设计

步骤 ① 启动 Photoshop CS6，执行【文件】/【新建】命令，打开"新建"对话框，设置"名称"为"说走就走旅行网会员中心页"、"宽度"为"1080"、"高度"为"1920"，单击 确定 按钮。

步骤 02 选择"矩形工具" ▢，在工具属性栏中设置"填充"为"#e35c4a"，绘制一个"1080像素 ×590 像素"的矩形。

步骤 03 打开"说走就走旅行网会员中心页素材 .psd"素材文件（配套资源：\ 素材 \ 第7章 \ 说走就走旅行网会员中心页素材 .psd），将其中的状态栏拖动到图像最上方，然后调整其大小和位置。

步骤 04 选择"横排文字工具" ⊤，输入图 7-89 所示的文字，调整文字的大小和位置，并在工具属性栏中设置"文本颜色"分别为"#ffffff""#c8b068""#fed14d"。

步骤 05 选择"椭圆工具" ◯，在工具属性栏中设置"填充"为"#ffffff"，绘制一个"177像素 ×177 像素"的正圆。

步骤 06 选择"圆角矩形工具" ▢，在工具属性栏的"填充"下拉列表框中，单击"渐变"按钮▉，设置渐变颜色为"#433e33~#6e6a5e"，然后分别两个绘制"990 像素 ×250 像素"和"245 像素 ×65 像素"的圆角矩形，选中小的圆角矩形，按【Ctrl+Alt+G】组合键创建剪贴蒙版，效果如图 7-90 所示。

图7-89 添加素材并输入文字

图7-90 绘制圆和圆角矩形

步骤 07 选择"圆角矩形工具" ▢，在工具属性栏中设置"填充"为"#ffffff"，在矩形右上方绘制一个"995 像素 ×250 像素"的圆角矩形。

步骤 08 双击绘制的圆角矩形图层，打开"图层样式"对话框，单击选中"投影"复选框，设置"颜色""距离""大小"分别为"#fed14d""26""55"，单击 **确定** 按钮，如图 7-91 所示。

步骤 09 在打开的"说走就走旅行网会员中心页素材 .psd"素材文件中，将人物图片拖动到正圆上，将图标依次拖动到矩形的上和左下角，然后调整它们的大小和位置。选中人物图层，将其置入圆中，用作个人图片。

步骤 10 选择"横排文字工具" ⊤，输入图 7-92 所示的文字，调整文字的大小和位置，并设置"文本颜色"为"#333333"。

步骤 11 选择"自定形状工具" ⬚，在工具属性栏中设置"填充"为"#bbbbbb"，在"形状"下拉列表框中选择"箭头 2"选项，在文字右侧绘制选择的形状，效果如图 7-93 所示。

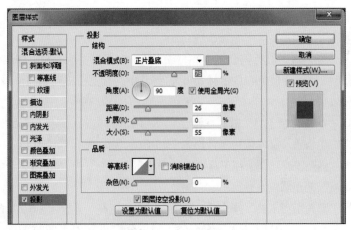

图7-91　添加投影

图7-92　添加素材并输入文字

图7-93　绘制箭头形状

步骤 ⑫ 在打开的"说走就走旅行网会员中心页素材 .psd"素材文件中，将矢量图片拖动到图像中，调整其大小和位置。

步骤 ⑬ 选择"横排文字工具" **T** ，输入"首页""搜索""发现""用户"文字，调整文字的大小和位置，并在工具属性栏中设置"文本颜色"分别为"#fa3c81""#666666"，完成后的效果如图 7-94 所示。

步骤 ⑭ 完成后按【Ctrl+S】组合键保存文件，完成本例的制作（配套资源 : \ 效果 \ 第 7 章 \ 说走就走旅行网会员中心页 .psd）。

图7-94　完成后的效果

7.5 实战案例——制作图书公众号推文封面

实战目标

　　本实战将制作图书公众号推文封面,在制作时以"2020年好书推荐"为主题,在设计上采用图书馆场景图为背景,通过文字表述对推荐内容进行展现,完成后的参考效果如图 7-95 所示。

图7-95　完成后的图书公众号推文封面

制作图书公众号推文封面

实战思路

　　根据实战目标,下面对图书公众号推文封面进行制作。

步骤 01 启动 Photoshop CS6,执行【文件】/【新建】命令,打开"新建"对话框,设置"名称"

为"图书公众号推文封面"、"宽度"为"900"、"高度"为"383"，单击 确定 按钮。

步骤 Ⓞ2 打开"图书公众号推文封面素材 .psd"素材文件（配套资源 : \ 素材 \ 第 7 章 \ 图书公众号推文封面素材 .psd），将其中的图书馆实景图片拖动到图像中，调整其大小和位置，效果如图 7-96 所示。

步骤 Ⓞ3 选择"矩形工具" ▢，在工具属性栏中设置"填充"为"#ffffff"，绘制一个"440像素 ×280 像素"的矩形，按【Ctrl+T】组合键对矩形进行旋转，效果如图 7-97 所示。

图7-96　添加背景素材　　　　　　　　　　　图7-97　绘制并旋转矩形

步骤 Ⓞ4 选择"横排文字工具" T，输入"2020 年　好书推荐"文字，调整文字的大小和位置，并在工具属性栏中设置"文本颜色"分别为"#fa3c81""#4c4949"，效果如图 7-98 所示。

图7-98　输入文字

步骤 Ⓞ5 双击文字图层，打开"图层样式"对话框，单击选中"描边"复选框，设置"大小""颜色"分别为"3""#ffffff"，如图 7-99 所示。

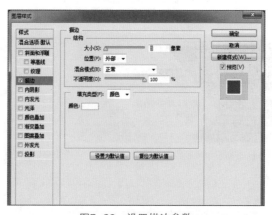

图7-99　设置描边参数

步骤 Ⓞ6 单击选中"内阴影"复选框，设置"颜色""距离""大小"分别"#d1c002""5""5"，如图 7-100 所示。

步骤 ⑦ 单击选中"投影"复选框，设置"颜色""距离"分别为"#c9c9c9""8"，单击 确定 按钮，如图 7-101 所示。

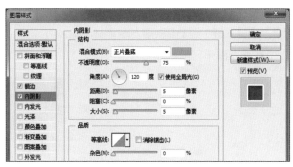

图7-100 设置内阴影参数

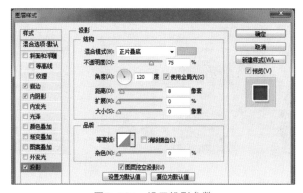

图7-101 设置投影参数

步骤 ⑧ 选择"横排文字工具" T，输入其他文字，在工具属性栏中设置"字体"分别为"方正综艺简体""思源黑体 CN"、"文本颜色"分别为"#777777""#fafafa"，调整文字的大小和位置，然后在"加入我的书单"文字的位置绘制一个圆角矩形，并设置"填充"为"#fa3c81"，完成后的效果如图 7-102 所示。

步骤 ⑨ 完成后按【Ctrl+S】组合键保存文件，完成本例的制作（配套资源：\效果\第7章\图书公众号推文封面 .psd）。

图7-102 完成后的效果

7.6 课后习题

　　本习题将制作中秋节的朋友圈封面和节日海报，在制作时以月饼、嫦娥等为主要素材，以红色为主要颜色，通过不同素材的组合让各个效果更加美观，完成后的参考效果如图7-103所示(配套资源:\ 素材 \ 第 7 章 \ 中秋朋友圈素材 .psd,配套资源:\ 效果 \ 第 7 章 \ 中秋朋友圈封面 .psd、中秋朋友圈节日海报 .psd)。

图7-103　中秋朋友圈封面、中秋朋友圈节日海报效果

第8章

移动端淘宝店铺设计

随着移动网络的发展，越来越多的人喜欢用手机上网购物。手机上网购物已经成为当前的购物趋势。淘宝作为亚太地区较大的网络零售圈、商圈，其移动端购物是发展的关键。本章将以移动端淘宝店铺中的首页和详情页为主要设计点，讲解移动端淘宝店铺的设计方法。

8.1 移动端淘宝店铺首页设计

随着无线设备的普及，移动端购物成了网购的主流。为了使网购更加便利，移动端淘宝店铺应运而生。首页作为淘宝店铺中的设计重点，主要可从店招、主题海报、优惠信息、商品展示区等几个方面展开设计。

8.1.1 店招设计

移动端的店招由于面积较小，并且需要展示店名、店标等信息，因此很少放置产品、活动广告语等信息。店招要符合首页的风格，在制作时需要考虑其简洁性，不能影响店名、店标等信息的显示。

下面将设计"魅力厨房"店铺的店招。店招以黄色为主色，简单的文字起到点明设计主题的作用，具体操作如下。

步骤 01 新建大小为"750 像素 ×580 像素"，分辨率为"72 像素 / 英寸"，名称为"店招"的图像文件。

步骤 02 打开"店招背景 .jpg"图片（配套资源：\ 素材 \ 第 8 章 \ 店招背景 .jpg），将背景图片拖动到文件中，调整各素材的位置和大小，以覆盖页面，效果如图 8-1 所示。

步骤 03 选择"椭圆工具"，在工具属性栏中设置填充颜色为"#67cdcd"，按【Shift】键绘制一个"60 像素 ×60 像素"的正圆，按【Ctrl+J】组合键复制 3 个圆，排列成图 8-2 所示的效果，选中所有圆图层，按【Ctrl+E】组合键将它们合并到一个图层。

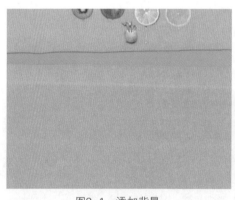

图8-1　添加背景

图8-2　绘制与复制圆

步骤 04 双击圆图层，在打开的"图层样式"对话框左侧单击选中"投影"复选框，设置"距离""大小"分别为"1""1"，单击 确定 按钮，如图 8-3 所示。

步骤 05 选择"横排文字工具"，设置"字体"为"汉仪蝶语体简"，在圆上输入文本，并设置文字的大小和位置，完成后的效果如图 8-4 所示。完成后按【Ctrl+S】组合键保存文件（配套资源：\ 效果 \ 第 8 章 \ 店招 .psd）。

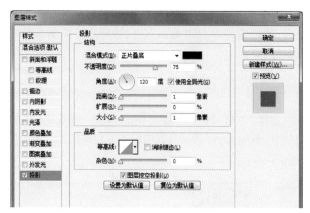

图8-3　添加投影

图8-4　完成后的效果

💬 **经验之谈**

　　由于店招常常只需要显示三分之一的高度，因此在设计时可只对显示区域进行设计。本例中只是对其上方内容进行了设计，在设计时不要显示过多的内容，店铺名称等信息系统将自动添加，不需要后期设计。

8.1.2　主题海报设计

　　海报放在店招下方很明显的位置，而且占用的面积相对较大，拥有很好的引流效果。下面将设计"魅力厨房"店铺的主题海报。

主题海报设计

海报以"元宵节"为主题、以红色为主色，通过汤圆、灯笼、飘带等素材的合理搭配，体现出"年味"感，具体操作如下。

步骤 01 新建大小为"640 像素 ×1120 像素"，分辨率为"72 像素 / 英寸"，名称为"元宵主题海报"的图像文件。

步骤 02 打开"元宵主题海报背景 .jpg"素材文件（配套资源：\ 素材 \ 第 8 章 \ 元宵主题海报背景 .jpg），将其拖动到文件中，调整素材的位置和大小，效果如图 8-5 所示。

步骤 03 打开"海浪 .psd"素材文件（配套资源：\ 素材 \ 第 8 章 \ 海浪 .psd），将其拖动到文件中，调整素材的位置和大小，然后设置图层的混合模式为"颜色加深"、"不透明度"为"31%"，效果如图 8-6 所示。

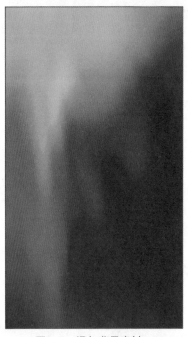

图8-5　添加背景素材　　　　　　　　　图8-6　添加素材并设置其不透明度

步骤 04 打开"元宵主题海报素材 .psd"素材文件（配套资源：\ 素材 \ 第 8 章 \ 元宵主题海报素材 .psd），将其中的梅花、烟花等素材依次拖动到文件中，调整素材的位置和大小，效果如图 8-7 所示。

步骤 05 双击梅花所在图层，打开"图层样式"对话框，单击选中"投影"复选框，设置"不透明度""距离""大小"分别为"36""8""18"，单击 确定 按钮，如图 8-8 所示。

步骤 06 打开"元宵主题海报素材 .psd"素材文件，将其中的灯笼和爆竹依次拖动到图像中，调整素材的大小和位置，然后依次调整灯笼的"不透明度"，完成后为左侧最大的灯笼和爆竹添加投影，效果如图 8-9 所示。

图8-7　添加烟花和梅花

图8-8　设置投影参数

图8-9　添加灯笼和鞭炮

步骤 07 新建图层，选择"钢笔工具" ，绘制图8-10所示的形状，按【Ctrl+Enter】组合键将路径转换为选区，选择"渐变工具" ，设置渐变颜色为"#ff0800 ~ #ff6d31"，为形状添加渐变效果。

步骤 08 设置前景色为"#ff8449"，选择"画笔工具" ，在工具属性栏中设置画笔样式为"硬画布蜡笔"，设置画笔"大小"为"47 像素"，在绘制的形状上进行涂抹，使其形成点状效果，如图 8-11 所示。

图8-10　绘制形状　　　　　　　　　　　　图8-11　添加点状效果

步骤 09 双击形状所在图层，打开"图层样式"对话框，单击选中"投影"复选框，设置"距离""大小"分别为"10""20"，单击 **确定** 按钮，如图 8-12 所示。

步骤 10 使用相同的方法，绘制出其他形状，并为它们添加投影效果，如图 8-13 所示。

图8-12　设置投影参数　　　　　　　　　　图8-13　绘制其他形状

步骤 11 新建图层，选择"钢笔工具" ，绘制图 8-14 所示的形状，将其用作高光，按【Ctrl+Enter】组合键将路径转换为选区并将其颜色填充为"#ffffff"。

步骤 12 使用相同的方法，绘制云朵形状，然后使用"画笔工具" ，在云朵形状中添加颜色为"#ffd1e7"的画笔效果，如图 8-15 所示。

步骤 13 打开"元宵主题海报素材 .psd"素材文件，将其中的祥云和汤圆等素材依次拖动到图像中，调整素材的大小和位置，背景的制作完成，效果如图 8-16 所示。

图8-14　绘制高光　　　　　　　　　　　　图8-15　绘制云朵形状

步骤 ⑭ 新建图层，选择"钢笔工具" ，绘制"闹"形状，将路径转换为选区并将其颜色填充为"#231815"，效果如图 8-17 所示。

图8-16　添加祥云和汤圆等素材　　　　图8-17　绘制"闹"形状

 经验之谈

这里的"闹"可以用钢笔工具直接绘制，还可先输入"闹"文字，然后通过文字变形的方式，对文字效果进行美化。

步骤 ⑮ 双击"闹"文字所在图层，打开"图层样式"对话框，单击选中"斜面和浮雕"复选框，设置"大小""高度""高光模式""阴影模式"分别为"40""30""滤色，#ffffff""正片叠底，#dcb800"，如图 8-18 所示。

步骤 ⑯ 单击选中"内发光"复选框，设置"混合模式""不透明度""方法""大小"分别为"滤色""75""柔和""13"，如图 8-19 所示。

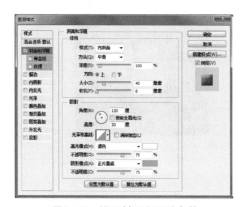

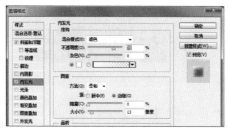

图8-18　设置斜面和浮雕参数　　　　图8-19　设置内发光参数

步骤⑰ 单击选中"颜色叠加"复选框，设置"颜色"为"#ffd602"，如图8-20所示。

步骤⑱ 单击选中"投影"复选框，设置"颜色""不透明度""距离""大小"分别为"#7a0500""90""8""3"，单击 确定 按钮，如图8-21所示。

步骤⑲ 使用相同的方法，分别绘制出"元""宵"文字，并为它们添加图层样式，效果如图8-22所示。

图8-20 设置颜色叠加参数

图8-21 设置投影参数

步骤⑳ 选择"横排文字工具" T ，输入"2020年2月8日"文字，在工具属性栏中设置"字体"为"汉仪菱心体简"、"文本颜色"为"#ffffff"，调整文字的大小和位置，并为其添加颜色为"#755805"的投影，再添加灯笼素材到"闹"文字上，完成后的效果如图8-23所示。

步骤㉑ 完成后按【Ctrl+S】组合键保存文件，完成本例的制作（配套资源：\效果\第8章\元宵主题海报.psd）。

图8-22 绘制其他文字

图8-23 完成后的效果

8.1.3 优惠信息设计

当店铺存在优惠活动，或是购买商品前需要领取优惠券时，可对优惠信息进行设计制作。本例将对"魅力厨房"店铺的优惠信息进行设计，首页以深蓝色为主色，使其与元宵主题海报的色调统一，再对优惠内容进行展现，以体现店铺的优惠信息，具体操作如下。

优惠信息设计

步骤 01 新建大小为"640 像素 ×720 像素"，分辨率为"72 像素 / 英寸"，名称为"优惠信息"的图像文件。

步骤 02 将"前景色"设置为"#00163d"，按【Alt+Delete】组合键填充前景。打开"优惠信息背景 .jpg"素材文件（配套资源：\ 素材 \ 第 8 章 \ 优惠信息背景 .jpg），将其拖动到文件中，调整素材的位置和大小，效果如图 8-24 所示。

步骤 03 单击"橡皮擦工具" ，调整橡皮擦的大小，然后在优惠信息背景的下方进行拖动以擦除背景，使其形成过渡效果，效果如图 8-25 所示。

步骤 04 打开"优惠信息素材 .psd"素材文件（配套资源：\素材\第 8 章\优惠信息素材 .psd），将其中的灯笼、烟花、鞭炮等素材拖动到图像文件中，调整素材的位置和大小，然后调整素材的不透明度，效果如图 8-26 所示。

步骤 05 新建图层，选择"钢笔工具" ，绘制如图 8-27 所示的形状，按【Ctrl+Enter】组合键将路径转换为选区，设置"前景色"为"#c5010b"，按【Alt+Delete】组合键填充前景色。

图8-24　添加背景

图8-25　擦除背景

图8-26　添加素材

图8-27　绘制形状

步骤 06 双击绘制的图层，打开"图层样式"对话框，单击选中"投影"复选框，设置"不透明度""距离""扩展""大小"分别为"50""11""31""50"，单击 确定 按钮，如图 8-28 所示。

步骤 07 选择"直线工具" ，在形状的位置绘制两条颜色为"#f3d06c"的直线。

步骤 08 选择"圆角矩形工具" ，在形状的中间区域绘制一个"325 像素 ×55 像素"的圆角矩形，并设置其填充颜色为"#f3d06c"，效果如图 8-29 所示。

步骤 09 双击圆角矩形所在图层，打开"图层样式"对话框，单击选中"描边"复选框，设置"大小""不透明度""颜色"分别为"1""64""#5d1010"，如图 8-30 所示。

步骤 10 单击选中"投影"复选框，设置"距离""大小"分别为"1""1"，单击 确定 按钮，如图 8-31 所示。

图8-28 设置投影参数

图8-29 绘制直线和圆角矩形

步骤 11 选择"横排文字工具" ，输入"元宵节 优惠大放送"文字，在工具属性栏中设置"字体"为"方正剪纸简体"、"文本颜色"为"#d80206"，调整文字的大小和位置，如图 8-32 所示。

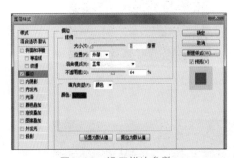

图8-30 设置描边参数

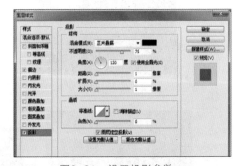

图8-31 设置投影参数

步骤 12 选择"矩形工具" ，设置填充颜色为"#001a51"，在形状的下方绘制一个"640 像素 ×155 像素"的矩形，然后设置其"不透明度"为"80%"，效果如图 8-33 所示。

步骤 13 新建图层，选择"钢笔工具" ，绘制图 8-34 所示的形状，按【Ctrl+Enter】组合键将路径转换为选区，设置"前景色"为"#feb300"，按【Alt+Delete】组合键填充前景色。

图8-32　输入文字

图8-33　绘制矩形并设置其不透明度

步骤 14 选择"横排文字工具" **T**，输入图 8-35 所示的文字，在工具属性栏中设置"字体"为"方正剪纸简体"、"文本颜色"分别为"#ffffff""#e84229"，调整文字的大小和位置。

图8-34　绘制形状

图8-35　输入横排文字

 经验之谈

这里除了可使用钢笔工具绘制外，还可先绘制矩形，然后绘制正圆，再通过形状的剪切，完成本形状的绘制。

步骤 15 选择"直排文字工具" **IT**，输入图 8-36 所示的文字，在工具属性栏中设置"字体"为"方正剪纸简体"、"文本颜色"分别为"#ffffff""#e84229"，调整文字的大小和位置。

步骤 16 选择"圆角矩形工具" **O**，在文字的位置绘制圆角矩形，并设置它们的填充颜色分别为"#ffffff""#c5010b"，效果如图 8-37 所示。

图8-36　输入直排文字

图8-37　绘制圆角矩形

步骤 ⑰ 选中优惠券所在的所有图层，按住【Alt】键不放向右拖动，以复制优惠券，然后更改优惠券中的内容和背景颜色，更改后的效果如图 8-38 所示。

步骤 ⑱ 选择"矩形工具" 口，在优惠券的下方绘制一个"600 像素 ×340 像素"的矩形，并在工具属性栏中设置"填充"为"#032b75"、"描边"为"#fbfbfb，3 点"，然后设置其"不透明度"为"80%"。

步骤 ⑲ 选中上方的文字和圆角矩形，按住【Alt】键不放向下拖动，以复制文字和形状，然后将文字内容修改为"元宵节 赠送大礼包"，效果如图 8-39 所示。

图8-38　复制优惠券

图8-39　绘制矩形并复制形状和文字

步骤 ⑳ 在打开的"优惠信息素材 .psd"素材文件中，将其中的食物素材拖动到矩形中，调整素材的位置和大小，效果如图 8-40 所示。

步骤 ㉑ 选择"横排文字工具" T.，输入图 8-41 所示的文字，在工具属性栏中设置"字体"为"汉仪菱心体简"、"文本颜色"为"#ffffff"，调整文字的大小和位置。

图8-40　添加素材

图8-41　输入文字

步骤 ㉒ 选择"矩形工具" 口，在文字的下方绘制 3 个"185 像素 ×25 像素"的矩形，并设置"填充"为"#c5010b"，完成后的效果如图 8-42 所示。

步骤 ㉓ 完成后按【Ctrl+S】组合键保存文件，完成本例的制作（配套资源：\效果\第 8 章\优惠信息 .psd）。

8.1.4 商品展示区设计

在首页中完成优惠信息的设计制作后，即可在下方对商品进行展示。本例将商品展示区分为两个部分，分别是单个促销商品展示和热

图8-42 完成后的效果

卖商品展示。为了便于用户清晰地浏览商品内容，将商品分为一行展示和两行展示两种类型，并沿用前面的主色调，对整体效果进行制作。具体操作如下。

步骤 01 新建大小为"640 像素 ×2250 像素"，分辨率为"72 像素 / 英寸"，名称为"商品展示区"的图像文件。

步骤 02 使用优惠信息设计中步骤 02 ～ 步骤 11 的方法，制作出商品展示区的背景，并修改文字内容，效果如图 8-43 所示。

步骤 03 选择"圆角矩形工具" ▢，在文字的下方绘制一个"600 像素 ×334 像素"的圆角矩形，并设置其填充颜色为"#c82c2f"，效果如图 8-44 所示。

图8-43 制作背景并修改文字

图8-44 绘制圆角矩形

步骤 04 打开"云纹 .psd"素材文件（配套资源：\ 素材 \ 第 8 章 \ 云纹 .psd），将其中的云纹素材拖动到圆角矩形上，调整素材的位置和大小，然后按【Ctrl+Alt+G】组合键创建剪贴蒙版，效果如图 8-45 所示。

步骤 05 新建图层，选择"钢笔工具" ⌀，绘制图 8-46 所示的形状，按【Ctrl+Enter】组合键将路径转换为选区，设置"前景色"为"#f8e9d6"，按【Alt+Delete】组合键填充前景色。

步骤 06 选择"圆角矩形工具" ▢，在文字的下方绘制一个"300 像素 ×255 像素"的圆角矩形，并设置其填充颜色为"#ce3e3f"。

步骤 07 打开"商品展示区素材 .psd"素材文件（配套资源：\ 素材 \ 第 8 章 \ 商品展示区素材 .psd），将其中的荞麦米素材拖动到圆角矩形上，调整素材的位置和大小，然后按【Ctrl+Alt+G】组合键创建剪贴蒙版，效果如图 8-47 所示。

图8-45　添加云纹素材

图8-46　绘制形状

步骤 08 选择"横排文字工具" **T.**，输入图 8-48 所示的文字，在工具属性栏中分别设置"字体"为"方正琥珀简体""汉仪中圆简"、"文本颜色"为"#df1f14""#595656"，调整文字的大小和位置。

图8-47　绘制圆角矩形并添加素材

图8-48　输入文字

步骤 09 选择"圆角矩形工具" ▢.，在文字的下方绘制 4 个"50 像素 ×40 像素"的圆角矩形，并设置"描边"为"#ce3e3f，1 点"，效果如图 8-49 所示。

步骤 10 选择"矩形工具" ▢.，在文字的下方绘制两个"98 像素 ×46 像素"的矩形，并设置它们的填充颜色分别为"#ce3e3f""#ffffff"。

步骤 11 选择"圆角矩形工具" ▢.，在左侧矩形上绘制一个"65 像素 ×19 像素"的圆角矩形，并设置其填充颜色为"#facfa2"，效果如图 8-50 所示。

图8-49　绘制圆角矩形

图8-50　绘制矩形和圆角矩形

步骤12 选择"横排文字工具" T ，输入图8-51所示的文字。在工具属性栏中设置"字体"为"思源黑体CN"、"文本颜色"分别为"#c5111a""#facfa2""#ce3e3f"。调整文字的大小和位置，然后选中"原价：99.00"文字，打开"字符"面板，单击"删除线"按钮 T ，为文字添加删除线。

步骤13 选择"椭圆工具" ○ ，在图像右上角绘制一个"87像素×87像素"的正圆，并设置"填充"为"#c5111a"、"描边"为"#f0af09，3点"。

步骤14 选择"横排文字工具" T ，输入"镇店之宝"文字，在工具属性栏中设置"字体"为"思源黑体CN"、"文本颜色"为"#fdd5dd"，调整文字的大小和位置，效果如图8-52所示。

图8-51 输入文字

图8-52 绘制正圆并输入文字

步骤15 使用前面的方法，制作出商品展示模块，制作效果如图8-53所示。

图8-53 制作其他效果

步骤16 选中上方的标题栏，按住【Alt】键不放，向下拖动以复制标题栏，并修改其中的文字内容。

步骤17 选择"圆角矩形工具" ○ ，在文字的下方绘制4个"300像素×380像素"的圆角矩形，并设置"填充"为"#c82c2f"、"描边"为"#f3d06c，5点"。

步骤18 选择"圆角矩形工具" ○ ，在圆角矩形中靠上位置绘制4个"275像素×235像素"

的圆角矩形，并设置"填充"为"#f3d06c"，效果如图 8-54 所示。

步骤 ⑲ 在打开的"商品展示区素材 .psd"素材文件中，将其中的素材依次拖动到圆角矩形中，调整素材的位置和大小，然后按【Ctrl+Alt+G】组合键创建剪贴蒙版，效果如图 8-55 所示。

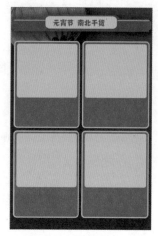

图8-54　绘制圆角矩形　　　　　图8-55　添加素材

步骤 ⑳ 选择"横排文字工具"**T.**，在素材的下方输入图 8-56 所示的文字，在工具属性栏中设置"字体"为"汉仪书魂体简"，调整文字的大小、颜色和位置。

步骤 ㉑ 选择"直线工具"**╱.**，在文字下方绘制直线。

步骤 ㉒ 选择"圆角矩形工具"**▢.**，在 4 处"了解详情 >"文字处绘制"110 像素 ×36 像素"的圆角矩形，并设置"填充"为"#001a4e"，效果如图 8-57 所示。

图8-56　输入文字　　　　　　图8-57　绘制直线和圆角矩形

步骤 ㉓ 选择"圆角矩形工具"**▢.**，在图像的下方绘制一个"385 像素 ×60 像素"的圆角矩形，并在工具属性栏中设置"填充"为"#f3d06c"。

步骤 ㉔ 选择"横排文字工具"**T.**，在圆角矩形内输入图 8-58 所示的文字，在工具属性栏中设置"字体"为"汉仪书魂体简",调整文字的大小、颜色和位置。

步骤 25 按【Ctrl+S】组合键保存文件,查看完成后的效果(配套资源:\效果\第 8 章\商品展示区 .psd)。

图8-58　完成后的效果

8.2 移动端淘宝商品详情页设计

商品详情页决定了店铺流量和转化率,由于越来越多的人选择使用移动设备购物,因此移动端店铺的商品详情页也越来越重要。在进行商品详情页设计时,应多使用图片进行表达,板块内容要少,展现效果要具有促销性,而且主要展示商品的细节,较少涉及售后等内容。下面对移动端淘宝商品详情页各个板块的设计方法进行介绍。

8.2.1 焦点图设计

焦点图设计

　　焦点图一般位于商品详情页的最上方，类似于首页中的轮播海报。焦点图中可以展现商品的卖点、促销活动和优惠特价等促销信息，以及品牌形象和设计理念。下面将制作莲子的焦点图，在制作时可将莲子的高品质体现出来，图片与文字的组合让整个焦点图更加美观，具体操作如下。

步骤 01 新建大小为"750 像素 ×1220 像素"，分辨率为"72 像素 / 英寸"，名称为"焦点图"的图像文件。

步骤 02 打开"焦点图素材 .psd"图像文件（配套资源:\ 素材 \ 第 8 章 \ 焦点图素材 .psd），将背景图层拖动到新建文件中，调整其位置和大小，效果如图 8-59 所示。

步骤 03 选择"矩形工具" □，在工具属性栏中取消填充，设置"描边"为"#ffffff,12 点"，绘制一个"600 像素 ×1100 像素"的矩形，并设置"不透明度"为"80%"，如图 8-60 所示。

步骤 04 选择"矩形工具" □，在矩形的中间绘制一个"578 像素 ×1075 像素"的矩形，并设置"填充"为"#000000"、"不透明度"为"30%"，效果如图 8-61 所示。

图8-59　添加素材

图8-60　绘制矩形

步骤 05 选择"直排文字工具" IT，在工具属性栏中设置字体为"汉仪书魂体简"，在矩形中间输入图 8-62 所示的文字，调整文字的大小、颜色和位置。

步骤 06 双击"莲"文字图层，打开"图层样式"对话框，单击选中"投影"复选框，设置"距离""大小"分别为"8""8"，单击 确定 按钮，如图 8-63 所示。

步骤 07 选中"莲"文字图层，单击鼠标右键，在弹出的快捷菜单中执行"拷贝图层样式"命令，然后选中其他文字图层，单击鼠标右键，在弹出的快捷菜单中执行"粘贴图层样式"命令，为其他文字图层复制图层样式。

图8-61　绘制深色矩形

图8-62　输入文字

步骤 08 完成后按【Ctrl+S】组合键保存文件，查看完成后的效果，如图 8-64 所示（配套资源 : \ 效果 \ 第 8 章 \ 焦点图 .psd）。

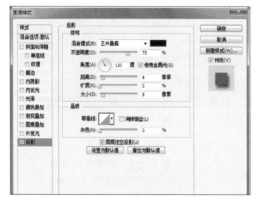

图8-63　设置投影参数

图8-64　完成后的效果

8.2.2　商品描述图设计

商品描述图是指对商品的设计理念、尺寸、产地、使用方法等内容进行展示。本例所制作的莲子商品描述图主要用于将莲子的纯天然、营养美味、安全放心等内容体现出来，提升买家对莲子的认可度，具体操作如下。

步骤 01 新建大小为"750 像素 ×4514 像素"，分辨率为"72 像素 / 英寸"，名称为"商品描述图"的图像文件。

步骤 02 打开"商品描述图素材 .psd"图像文件（配套资源：\素材\第 8 章\商品描述图素材 .psd），将托盘莲子图片拖动到新建文件中，调整其位置和大小，效果如图 8-65 所示。

步骤 03 选择"横排文字工具" T ，在工具属性栏中设置字体为"汉仪细中圆简"、"文本颜色"为"#588d20"，输入图 8-66 所示的文字，调整文字的大小和位置。

图8-65　添加素材　　　　　　　　　图8-66　输入文字

步骤 04 在打开的"商品描述图素材 .psd"素材文件中，将荷塘素材拖动到图像下方，调整其位置和大小，效果如图 8-67 所示。

步骤 05 选择"圆角矩形工具" ，在工具属性栏中设置"填充"为"#bc9d7a"，在刚添加的素材上方绘制一个"445 像素 ×42 像素"的圆角矩形。

步骤 06 选择"横排文字工具" T ，在工具属性栏中设置"字体"为"汉仪雪君体简"，输入图 8-68 所示的文字，调整文字的大小、颜色和位置。

图8-67　添加荷塘素材　　　　　　　图8-68　绘制矩形并输入文字

步骤 07 选择"圆角矩形工具" ，在工具属性栏中设置"填充"为"#bc9d7a"，在图片的下方绘制 4 个"150 像素 ×135 像素"的圆角矩形，效果如图 8-69 所示。

步骤 08 在打开的"商品描述图素材 .psd"素材文件中，将其中的矢量形状拖动到圆角矩形中，调整它们的位置和大小。

步骤 09 选择"横排文字工具" **T** ，在工具属性栏中设置字体为"思源黑体 CN"，输入图 8-70 所示的文字，调整文字的大小、颜色和位置。

图8-69　绘制圆角矩形　　　　　　　　　　图8-70　添加素材并输入文字

步骤 10 在打开的"商品描述图素材 .psd"素材文件中，将碗装的莲子图像拖动到圆角矩形的下方，调整其位置和大小。

步骤 11 选择"横排文字工具" **T** ，输入图 8-71 所示的文字，在工具属性栏中设置"产品 . 信息"的字体为"汉仪雪君体简"，再设置其他文字的字体为"思源黑体 CN"，调整文字的大小和位置。

步骤 12 选择"椭圆工具" **○.** ，在工具属性栏中设置"填充"为"#000000"，在图片的下方绘制 4 个"147 像素 ×147 像素"的正圆。

步骤 13 在打开的"商品描述图素材 .psd"素材文件中，将商品素材依次拖动到正圆上，按【Ctrl+Alt+G】组合键创建剪贴蒙版，效果如图 8-72 所示。

图8-71　添加素材并输入文字　　　　　　　图8-72　添加素材并创建剪贴蒙版

步骤 14 选择"自定形状工具" **⿸** ，在工具属性栏中设置"填充"为"#000000"，在"形状"下拉列表框中选择"箭头 6"选项，然后在正圆的右侧绘制 3 个箭头，效果如图 8-73 所示。

步骤 15 选择"横排文字工具" **T** ，在工具属性栏中设置"字体"为"思源黑体 CN"，输入图 8-74 所示的文字，调整文字的大小、颜色和位置。

步骤 ⑯ 选择"矩形工具" ▢ ,在工具属性栏中取消填充,设置"描边"为"#000000,1 点",在正圆下方绘制一个"550 像素 ×60 像素"的矩形。

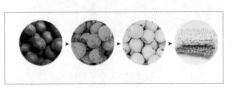

图8-73 绘制箭头

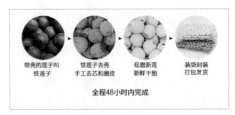

图8-74 输入文字

步骤 ⑰ 栅格化矩形所在图层,打开"图层"面板,单击"添加图层蒙版"按钮 ▢ ,将前景色设置为"#010003",选择"画笔工具" ✎ ,在文字处进行涂抹,隐藏涂抹部分,效果如图 8-75 所示。

步骤 ⑱ 在打开的"商品描述图素材 .psd"素材文件中,将银耳汤图像拖动到图像的最下方,调整其位置和大小,效果如图 8-76 所示。

图8-75 添加图层蒙版

图8-76 添加素材

步骤 ⑲ 选择"直排文字工具" IT. ,输入图 8-77 所示的文字,在工具属性栏中设置字体为"汉仪字研欢乐宋",调整文字的大小和位置。

步骤 ⑳ 选择"直线工具" ╱ ,在"莲子红枣银耳汤"左侧绘制一条竖线。

步骤 ㉑ 完成后按【Ctrl+S】组合键保存文件,查看完成后的效果,如图 8-78 所示(配套资源 :\ 效果 \ 第 8 章 \ 商品描述图 .psd)。

图8-77 输入文字

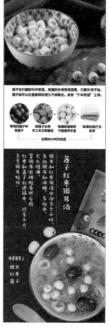

图8-78 完成后的效果

8.2.3 商品卖点图设计

商品卖点是指商品具备的前所未有、别出心裁或与众不同的特色、特点，它可以是商品与生俱来的特质，如细节工艺、用途；也可以是营销策划人员创造出来的某种卖点。本例将制作莲子的卖点图，在制作时先通过细节的展现，体现莲子的实物效果，再通过售后图体现莲子的卖点，具体操作如下。

商品卖点图设计

步骤 01 新建大小为"750 像素 ×3500 像素"，分辨率为"72 像素 / 英寸"，名称为"商品卖点图"的图像文件。

步骤 02 选择"矩形工具" ，在工具属性栏中设置填充颜色为"#707070"，绘制一个"750 像素 ×1700 像素"的矩形。

步骤 03 选择"横排文字工具" T ，输入图 8-79 所示的文字，在工具属性栏中设置"细节 . 展示"的字体为"汉仪雪君体简"，设置其他文字的字体为"思源黑体 CN"，调整文字的大小和位置。

步骤 04 打开"商品卖点图素材 .psd"素材文件（配套资源：\ 素材 \ 第 8 章 \ 商品卖点图素材 .psd），将商品图片依次拖动到矩形中，调整素材的位置和大小，效果如图 8-80 所示。

图8-79　输入文字　　　　　　　　　　　　　图8-80　添加素材

步骤 05 在打开的"商品卖点图素材 .psd"素材文件中，将莲蓬和荷叶图片依次拖动到
矩形下方，调整它们的位置和大小，效果如图 8-81 所示。

步骤 06 选择"横排文字工具" T ，输入图 8-82 所示的文字，在工具属性栏中设置"字
体"为"方正特雅宋 _GBK"，调整文字的大小、颜色和位置。

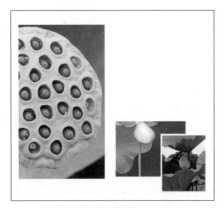

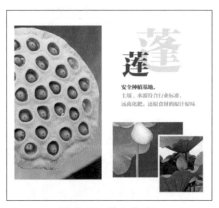

图8-81　添加莲蓬和荷叶图片　　　　　　　　图8-82　输入文字

步骤 07 选择"矩形工具" □ ，在工具属性栏中设置填充颜色为"#000000"，在图片下
方绘制一个"750 像素 ×420 像素"的矩形。

步骤 08 在打开的"商品卖点图素材 .psd"素材文件中，将荷塘图片拖动到矩形上方，调
整其位置和大小，按【Ctrl+Alt+G】组合键创建剪贴蒙版，然后设置"不透明度"为"25%"，
效果如图 8-83 所示。

步骤 09 选择"椭圆工具" ○ ，在矩形的中间区域绘制一个"345 像素 ×345 像素"的正圆，
在工具属性栏中取消填充，设置"描边"为"#ffffff，2 点"。

步骤 ⑩ 选择"横排文字工具" T ，输入图 8-84 所示的文字，在工具属性栏中设置"字体"为"方正兰亭黑简体"，调整文字的大小、颜色和位置。

图8-83 绘制矩形并添加素材   图8-84 绘制正圆并输入文字

步骤 ⑪ 选择"矩形工具" □ ，在工具属性栏中设置填充颜色为"#397338"，在图片处绘制一个"530 像素 ×45 像素"的矩形。

步骤 ⑫ 选择"横排文字工具" T ，输入图 8-85 所示的文字，在工具属性栏中设置"字体"为"方正兰亭黑简体"，调整文字的大小、颜色和位置。

步骤 ⑬ 在打开的"商品卖点图素材 .psd"素材文件中，将售后图片拖动到矩形下方，调整其位置和大小。

步骤 ⑭ 完成后按【Ctrl+S】组合键保存文件，

图8-85 绘制矩形并输入文字

查看完成后的效果，如图 8-86 所示（配套资源：\ 效果 \ 第 8 章 \ 商品卖点图 .psd）。

图8-86 完成后的效果

8.3 实战案例

经过前面的学习，读者对移动端淘宝首页和商品详情页的设计方法有了一定的了解，接下来可通过实战案例巩固所学知识。

8.3.1 实战：制作移动端绿植店铺首页

实战目标

制作移动端绿植店铺首页

本实战将制作移动端绿植店铺首页。绿植具有优美淡雅、自然亲切、摆放周期长、易于管理等特点，不同场景搭配不同的绿植可使整个场景更加美观。为了避免首页篇幅过长，本实战将以多肉为主题进行首页制作，该首页的内容主要包括店铺卖点、优惠信息、快速导航和热销品类等内容，完成后的参考效果如图8-87所示。

图8-87 完成后的效果

实战思路

根据实战目标，下面对移动端绿植店铺首页进行制作。

步骤01 新建大小为"640像素×3460像素"，分辨率为"72像素/英寸"，名称为"绿植首页"的文件。

步骤02 选择"矩形工具" ▭，绘制一个大小为"645像素×320像素"的矩形，并设置其填充颜色为"#ffb301"。

步骤 03 打开"移动端绿植首页素材 .psd"素材文件（配套资源：\ 素材 \ 第 8 章 \ 移动端绿植首页素材 .psd），将其中的蓝绿色背景图片拖动到矩形的上，调整其大小和位置，按【Alt+Ctrl+G】组合键创建剪贴蒙版，效果如图 8-88 所示。

步骤 04 选择"横排文字工具" T.，在矩形右上方输入图 8-89 所示的文字，并设置英文文字字体为"汉仪黑咪体简"，中文文字字体为"方正粗圆简体"，调整字体的大小、位置，并设置"文本颜色"为"#294244"。

图8-88　添加背景并创建剪贴蒙版　　　　　　　　图8-89　输入文字

步骤 05 选择"圆角矩形工具" ▢，在文字的下方绘制一个"115 像素 ×25 像素"的圆角矩形，在工具属性栏中取消填充，并设置描边为"#294244，1 点"。

步骤 06 选择"横排文字工具" T.，在矩形右下方输入"查看详情"文字，设置其字体为"方正粗圆简体"，调整文字的大小、位置，并设置"文本颜色"为"#294244"，完成第 1 张图片的制作，效果如图 8-90 所示。

步骤 07 选择"矩形工具" ▢，在第一张图片的下方绘制一个大小为"640 像素 ×320 像素"的矩形，并设置其填充颜色为"#ffb301"。

步骤 08 在打开的"移动端绿植首页素材 .psd"素材文件中，将其中的多肉背景拖动到矩形中，调整其位置和大小，按【Alt+Ctrl+G】组合键创建剪贴蒙版，效果如图 8-91 所示。

图8-90　输入文字　　　　　　　　图8-91　添加背景并创建剪贴蒙版

步骤 09 选择"横排文字工具" T.，在海报的右侧输入图 8-92 所示的文字，并设置其字体为"方正兰亭中黑 _GBK"，调整文字的大小和位置。

步骤 10 选择"矩形工具" ▢，在文字处绘制一个大小为"68 像素 ×24 像素"的矩形，并设置其填充颜色为"#8f2937"。

步骤 11 选择"横排文字工具" T.，在海报的右侧输入"萌肉趴"文字，并设置其字体为"方正兰亭中黑_GBK"，调整文字的大小和位置，效果如图 8-93 所示。

图8-92　输入文字

图8-93　绘制矩形并输入文字

步骤⑫ 选择"自定形状工具" ，在工具属性栏取消填充，并设置描边为"#ffffff，2 点"，然后单击"形状"右侧的下拉按钮 ，在打开的下拉列表框中选择"已注册"选项，在"e"文字左侧绘制形状，效果如图 8-94 所示。

步骤⑬ 选择"横排文字工具" ，输入"夏日时光"文字，并设置其字体为"方正经黑简体"，调整文字的大小和位置，效果如图 8-95 所示。

图8-94　输入文字并绘制形状

图8-95　输入"夏日时光"文字

步骤⑭ 选中"夏日时光"文字图层，单击鼠标右键，在弹出的快捷菜单中执行"栅格化文字"命令，将文字栅格化，如图 8-96 所示。

步骤⑮ 选择"多边形套索工具" ，在"日""光"文字中绘制图 8-97 所示的选区，并将选区颜色填充为"#8f2937"。

步骤⑯ 选择"多边形套索工具" ，在"时"文字下方绘制选区，并将选区颜色填充为"#ffffff"，效果如图 8-98 所示。

图8-96　栅格化文字

图8-97　绘制选区并填充颜色

步骤⑰ 选择"圆角矩形工具" ，在文字的下方绘制一个"202 像素 ×32 像素"的圆角矩形，并设置其填充颜色为"#8f2937"。

步骤⑱ 选择"横排文字工具" ，在海报的右侧输入图 8-99 所示的文字，并设置其字体为"方正兰亭中黑 _GBK"，调整文字的大小和位置，完成海报的制作。

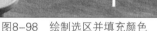

图8-98　绘制选区并填充颜色

图8-99　绘制矩形并输入文字

步骤⑲ 选择"矩形工具" ，在下方的空白区域绘制一个大小为"640 像素 ×165 像素"的矩形，并设置其填充颜色为"#f1675a"，效果如图 8-100 所示。

步骤⑳ 新建图层，选择"钢笔工具" ，在图层左侧绘制图 8-101 所示的路径，完成后按【Ctrl+Enter】组合键将路径转换为选区，将前景色设置为白色，再按【Alt+Delete】组合键填充前景色。

图8-100　绘制矩形

图8-101　绘制选区

步骤㉑ 选择"矩形选框工具" ，在工具属性栏中单击"从选区减去"按钮 ，框选形状上方的选区，减去选择的区域。

步骤㉒ 此时可发现下方未选中区域已被选中，将前景色设置为"#f7b6b0"，按【Alt+Delete】组合键填充前景色，效果如图 8-102 所示。

步骤㉓ 选中形状，按住【Alt】键不放，向右拖动以复制两个形状，效果如图 8-103 所示。

步骤㉔ 选择"横排文字工具" ，输入图 8-104所示的文字，设置其字体为"方正粗黑宋简体"，调整文字的大小、位置和颜色。

图8-102　减去选区并填充前景色

步骤㉕ 选择"矩形工具" ，在"优惠券"文字下方绘制一个大小为"94 像素 ×18 像素"的矩形，并设置其填充颜色为"#f1675a"。

图8-103　复制形状

图8-104　输入文字并绘制矩形

步骤 26 选择"圆角矩形工具" ，再绘制3个"200像素×42像素"的圆角矩形，并设置其填充颜色为"#ffffff"。

步骤 27 选择"横排文字工具" ，输入图8-105所示的文字，设置文字字体为"方正兰亭中黑 _GBK"，调整文字的大小、位置和颜色。

步骤 28 选择"矩形工具" ，在图像下方的空白区域中绘制一个大小为"645像素×295素"的矩形，并设置其填充颜色为"#1b1b1b"。

步骤 29 在打开的"移动端绿植首页素材 .psd"素材文件中，将其中的红色的多肉背景拖动到矩形上，调整其位置和大小，按【Alt+Ctrl+G】组合键创建剪贴蒙版，效果如图8-106所示。

步骤 30 选择"矩形工具" ，在图像中分别绘制大小为"342像素×178像素"和"506像素×287像素"的矩形，并分别设置它们的填充颜色为"#f1675a""#ffffff"。选中顶部矩形，为其添加描边效果；选中底部矩形，设置"不透明度"为"70%"，效果如图8-107所示。

图8-105　输入"立即领取》"文字

图8-106　添加多肉背景

步骤 31 在打开的"移动端绿植首页素材 .psd"素材文件中，选中有多个多肉效果的商品图片，将其移动到绘制的矩形上，调整其大小和位置。

步骤 32 选择"横排文字工具" ，输入图8-108所示的文字，设置其字体为"方正大黑简体"，调整文字的大小、位置和颜色。

图8-107　绘制矩形

图8-108　输入文字

步骤 ③③ 选择 "直线工具" ✐，在 "20 ~ 30 颗多肉套餐" 文本的上下方绘制两条颜色为 "#f1675a" 的直线。

步骤 ③④ 选择 "圆角矩形工具" ▢，在直线下方分别绘制大小为 "152 像素 ×32 像素" "76 像素 ×25 像素" 的圆角矩形，并设置它们的填充颜色分别为 "#f1675a" "#ffffff"。

步骤 ③⑤ 选择 "横排文字工具" Ｔ，在圆角矩形中输入图 8-109 所示的文字，设置其字体为 "方正大黑简体"，调整文字的大小、位置和颜色。

步骤 ③⑥ 选择 "矩形工具" ▢，在下方的空白区域中分别绘制两个大小为 "220 像素 ×193 像素"，两个大小为 "300 像素 ×320 像素" 的矩形，并设置它们的填充颜色为 "#a5a6a1"，效果如图 8-110 所示。

步骤 ③⑦ 在打开的 "移动端绿植首页素材 .psd" 素材文件中，选中图 8-111 所示图片，并将其拖动到绘制的矩形上，调整其大小和位置，以置入矩形中。

图8-109　输入文字

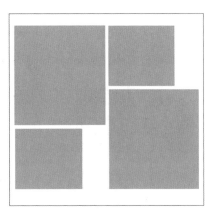

图8-110　绘制矩形

步骤 ③⑧ 选择 "横排文字工具" Ｔ 和 "直排文字工具" ┇Ｔ，在图像中输入图 8-112 所示的文字，设置其字体为 "方正大黑简体"，调整文字的大小、位置和颜色。

图8-111　添加并置入素材到矩形中

图8-112　输入文字

步骤 39 选择"矩形工具" □ ，在图像下方绘制一个大小为"640 像素 ×1350 像素"的矩形，并设置其填充颜色为"#eaeaea"。

步骤 40 选择"矩形工具" □ ，在矩形中绘制 6 个大小为"305 像素 ×338 像素"的矩形，并设置它们的填充颜色为"#a5a6a1"。

步骤 41 在打开的"移动端绿植首页素材 .psd"素材文件中，选中图 8-113 所示图片，并将其拖动到绘制的矩形上，调整其大小和位置，以置入矩形中。

步骤 42 选择"横排文字工具" T ，在矩形中输入图 8-114 所示的文字，设置其字体为"方正大黑简体"，调整文字的大小、位置和颜色。

步骤 43 在打开的"移动端绿植首页素材 .psd"素材文件中，将素材依次拖动到页尾部分，调整素材的大小和位置。

步骤 44 完成后按【Ctrl+S】组合键保存文件，查看完成后的效果，如图 8-115 所示（配套资源：\ 效果 \ 第 8 章 \ 绿植首页 .psd）。

图8-113　绘制矩形并添加图片　图8-114　输入文字并添加图片　图8-115　完成后的效果

8.3.2　实战：制作移动端绿植店铺商品详情页

实战目标

　　本实战是为绿植店铺中某款盆栽设计商品详情页，页面中使用了该款盆栽的多张照片，并通过合理的布局对画面进行规划。下面

制作移动端绿植店铺商品
详情页

将根据"焦点图→商品的实物展示→详细的展示→护养知识讲解"流程对设计方法进行
介绍，参考效果如图 8-116 所示。

图8-116　绿植店铺商品详情页效果

实战思路

根据实战目标，下面对移动端绿植店铺商品详情页进行制作。

步骤 **01** 新建大小为"750 像素 ×11800 像素"，分辨率为"72 像素 / 英寸"，名称为"绿
植商品详情页"的图像文件。

步骤 **02** 打开"绿植商品详情页素材 .psd"素材文件（配套资源：\ 素材 \ 第 8 章 \ 绿植
商品详情页素材 .psd），将其中的星空商品图片拖动到详情页文档中，调整其大小和位置，
效果如图 8-117 所示。

步骤 **03** 选择"横排文字工具" **T**，在焦点图中输入图 8-118 所示的文字，并设置其字
体为"方正大黑简体"，调整文字的大小、位置和颜色，设置英文文字的"不透明度"为"7%"。

图8-117 添加素材   图8-118 输入文字

步骤 **04** 选择"直线工具" ，在"苔藓微观系列景观展示"文本的上下方绘制两条颜色为"#ffffff"的直线。

步骤 **05** 选择"矩形工具" □，分别绘制大小为"750 像素 ×1250 像素""240 像素 ×650 像素""580 像素 ×820 像素"的矩形，并分别设置它们的填充颜色分别为"#eeefef""#c6c6c6""#414140"，效果如图 8-119 所示。

步骤 **06** 打开"绿植商品详情页素材 .psd"素材文件，将其中的蓝天白云商品图片拖动到商品详情页中，调整其大小和位置，并将其置入上方的矩形中，效果如图 8-120 所示。

图8-119 绘制矩形   图8-120 添加商品图片

步骤 **07** 双击最小矩形所在图层，打开"图层样式"对话框，单击选中"图案叠加"复选框，在"图案"下拉列表框中选择"纱布（64×64像素，灰度模式）"选项，单击 ▭确定▭ 按钮，并设置不透明度为 100%，如图 8-121 所示。

步骤 08 选择"横排文字工具" T.，在矩形中输入图 8-122 所示的文字，设置其字体为"方正兰亭刊黑 _GBK"、颜色为"504d4d"，调整文字的大小、位置和字间距。

步骤 09 打开"绿植商品详情页素材 .psd"素材文件，将其中的单个场景商品图片拖动到商品详情页中，调整其大小和位置。

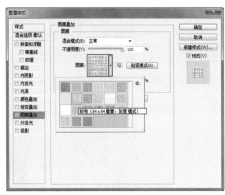

图8-121　选择叠加图案

步骤 10 选择"矩形工具" ▭.，绘制一个大小为"650 像素 ×170 像素"的矩形，并设置其填充颜色为"#ffffff"。

步骤 11 选择"横排文字工具" T.，在矩形中输入图 8-123 所示的文字，设置其字体为"方正兰亭刊黑 _OCR"、颜色为"#000000"，调整文字的大小、位置和字间距。

图8-122　输入文字

图8-123　添加素材并输入文字

步骤⑫ 打开"绿植商品详情页素材 .psd"素材文件，将图 8-124 所示的商品图片拖动到商品详情页中，调整其大小和位置。

步骤⑬ 选择"横排文字工具" T ，在商品图片的四周输入文字，设置其字体为"方正兰亭刊黑 _OCR"、颜色为"#000000"，调整文字的大小、位置和字间距。

图8-124 输入文字

步骤⑭ 选择"横排文字工具" T ，在商品图片的下方输入图 8-125 所示的文字，设置其字体为"方正兰亭刊黑 _OCR"、颜色为"#000000"，调整文字的大小、位置和字间距。

步骤⑮ 打开"绿植商品详情页素材 .psd"素材文件，将图 8-125 所示的商品图片拖动到商品详情页中，调整其大小和位置。

步骤⑯ 选择"圆角矩形工具" □ ，绘制一个大小为"170 像素 ×40 像素"的圆角矩形，并设置其填充颜色为"#f1675a"。

步骤⑰ 选择"横排文字工具" T ，在圆角矩形的下方输入图 8-126 所示的文字，设置其字体为"方正兰亭刊黑 _OCR"，调整文字的大小、位置和颜色，效果如图 8-126 所示。

步骤⑱ 选择"直线工具" ／ ，在文字的上下方绘制 4 条颜色为"#f1675a"的直线。

步骤⑲ 选择"矩形工具" □ ，绘制一个大小为"585 像素 ×40 像素"的矩形，并设置其填充颜色为"#f1675a"。

图8-125　输入文本并添加素材

图8-126　绘制圆角矩形并输入文字

步骤 20 选择"横排文字工具" ，在直线和矩形中输入文字，设置文字的字体为"方正兰亭刊黑 _OCR"，调整文字的大小、位置和颜色，效果如图 8-127 所示。

步骤 21 打开"绿植商品详情页素材 .psd"素材文件，将深色绿叶商品图片拖动到矩形下方，调整其大小和位置。

步骤 22 选择"横排文字工具" ，在图片上输入文字，设置其字体为"方正大黑简体"，调整文字的大小、位置和颜色，效果如图 8-128 所示。

图8-127　绘制直线和矩形并输入文字

图8-128　添加图片并输入文字

步骤 23 选择"圆角矩形工具" ，绘制 3 个大小为"500 像素 ×20 像素"的圆角矩形，并设置它们的填充颜色为"#9c9999"，效果如图 8-129 所示。

步骤 24 为圆角矩形添加 6 条参考线，选中绘制的第 1 个圆角矩形，栅格化圆角矩形。按住【Ctrl】键不放，单击圆角矩形所在图层前的缩略图载入选区，效果如图 8-130 所示。

图8-129　绘制圆角矩形

图8-130　添加参考线并载入选区

步骤 25 选择"矩形选框工具" ，在工具属性栏中单击"与选区交叉"按钮 ，沿着参考线框选圆角矩形左侧的第 2 个选区，得到选区交叉的区域。

步骤 26 此时可发现框选区域已被选中，将"前景色"设置为"#f1675a"，按【Alt+Delete】

组合键填充前景色，效果如图 8-131 所示。

步骤 27 栅格化其他圆角矩形，使用与前面相同的方法，继续载入与框选选区并填充颜色，完成后的效果如图 8-132 所示。

步骤 28 隐藏参考线，选择"横排文字工具" **T.**，输入图 8-133 所示的文字，设置其字体为"方正兰亭刊黑_OCR"，调整文字的大小、位置和颜色。

步骤 29 选择"横排文字工具" **T.**，输入图 8-134 所示的文字，设置其字体为"方正大黑简体"，调整文字的大小、位置和颜色。

步骤 30 选择"直线工具" **/.**，在文字的下方绘制 5 条颜色为"#000000"的直线，效果如图 8-134 所示。

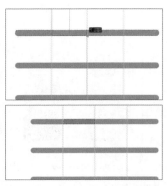

图8-131　框选选区并填充前景色

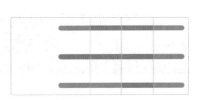

图8-132　载入与框选选区并填充颜色

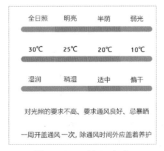

图8-133　输入文字

步骤 31 选择"自定形状工具" **⚙.**，在工具属性栏中选择图 8-135 所示的形状，并在文字左侧进行绘制。

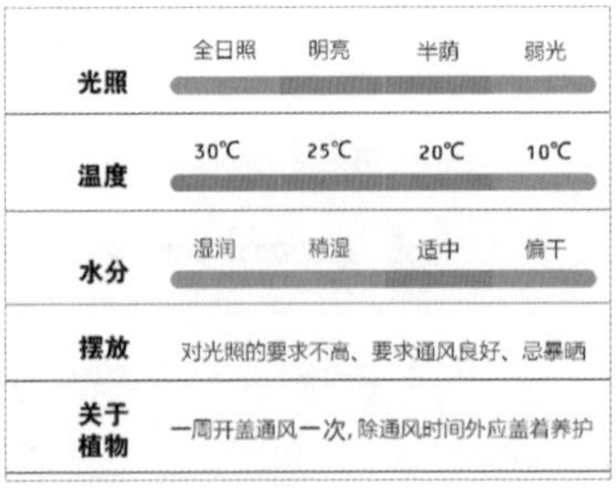

图8-134　输入文字并绘制直线

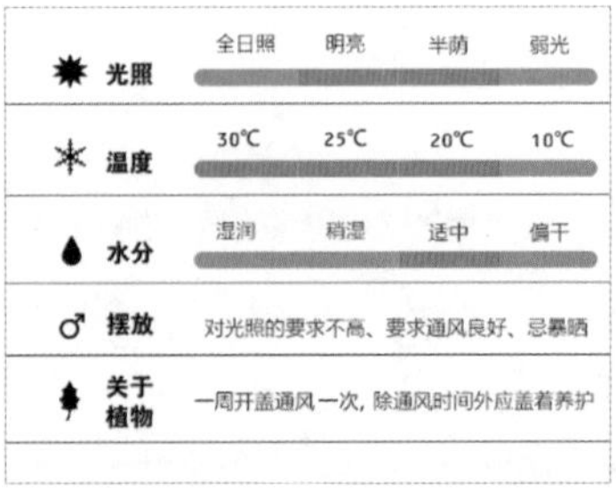

图8-135　绘制自定义形状

步骤 32 选择"横排文字工具" **T.**，输入图 8-136 所示的文字，设置文字的字体分别为"方正大黑简体""方正兰亭刊黑_OCR"，调整文字的大小、位置和颜色。

步骤 33 打开"绿植商品详情页素材 .psd"素材文件，将绿色植被商品图片拖动到文字下方，调整其大小和位置。

步骤 34 保存图像，完成商品详情页的制作（配套资源：\效果\第8章\绿植商品详情页 .psd）。

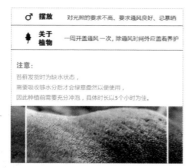

图8-136　输入文字并添加绿色植被图片

8.4 课后习题

（1）本习题将制作移动端家居网店首页。要求在该移动端首页中要展现出家居用品，并将新品在矩形框中展现出来，整体呈浅色的效果，让整个网店首页清新、自然。在结构上，可以将本习题的移动端网店首页划分为首屏焦点图、优惠券、爆款活动 3 个部分，完成后的参考效果如图 8-137 所示（配套资源：\素材\第 8 章\家具网店移动端首页素材 .psd、\效果\第 8 章\家居网店的移动端首页 .psd）。

图8-137　完成后的效果

（2）本习题将利用搜集的素材制作移动端水蜜桃商品详情页。在制作时，先制作水蜜桃焦点图，再制作详细介绍水蜜桃内容的部分。完成后的参考效果如图 8-138 所示（配套资源：\素材\第 8 章\移动端商品详情页素材 .psd、\效果\第 8 章\水蜜桃移动端商品详情页 .psd）。

图8-138　完成后的效果

第9章

其他平台设计

前面章节对新媒体使用较多的微信和手机淘宝平台进行了设计，本章将针对今日头条、微博、喜马拉雅、抖音和虎牙直播等常用平台进行设计，以提升各个平台中内容展现的美观度。

9.1 今日头条的设计与制作

今日头条是为用户推荐信息、提供连接人与信息的服务平台，可根据用户的自身信息挖掘出用户感兴趣的内容。今日头条的设计与制作主要包括今日头条账号头像和推送广告的设计，下面分别进行介绍。

9.1.1 今日头条账号头像设计

今日头条账号头像设计

账号头像常是辨认用户的依据，一个有特点、能吸引用户关注的今日头条账号头像，可以给企业或个人带来更多的关注度。本实例将制作企业今日头条账号头像，在设计时先绘制汽车和云朵矢量图形，然后输入"云端汽车服务"企业名称，完成后的效果不仅能展现企业信息，还具有美观性，具体操作如下。

步骤 01 新建大小为"800 像素 × 800 像素"，分辨率为"72 像素 / 英寸"，名称为"今日头条账号头像"的图像文件。

步骤 02 新建图层，将"前景色"设置为"#010c20"，选择"钢笔工具" ✐，绘制汽车轮廓路径，再绘制汽车把手部分，同时选中两个路径，完成后按【Ctrl+Enter】组合键将路径转换为选区，并按【Alt+Delete】组合键填充前景色，效果如图 9-1 所示。

步骤 03 选择"椭圆工具" ◯，按住【Shift】键在左侧轮胎处绘制一个"45 像素 × 45 像素"的正圆，按【Ctrl+J】组合键复制正圆，并将其移动到汽车另一侧的轮胎处，效果如图 9-2 所示。

图9-1　绘制汽车形状

图9-2　绘制正圆

步骤 04 双击汽车图层，在打开的"图层样式"对话框左侧单击选中"斜面和浮雕"复选框，设置"深度""大小""软化""高度"分别为"100""10""0""30"，再设置"高光模式"下的"不透明度"为"63"，如图 9-3 所示。

步骤 05 单击选中"内阴影"复选框，设置"不透明度""阻塞""大小"分别为"60""40""54"，如图 9-4 所示。

步骤 06 单击选中"内发光"复选框，设置"不透明度""杂色""颜色""范围"分别为"40""13""#fafaef""50"，单击 确定 按钮，如图 9-5 所示。

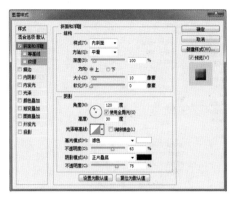

图9-3 设置斜面和浮雕参数

图9-4 设置内阴影参数

步骤 07 在汽车图层上单击鼠标右键，在弹出的快捷菜单中执行"拷贝图层样式"命令，然后在两个圆图层上单击鼠标右键，在弹出的快捷菜单中执行"粘贴图层样式"命令，完成图层样式的复制，效果如图9-6所示。

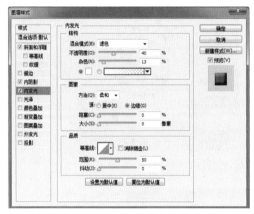

图9-5 设置内发光参数

图9-6 复制图层样式

步骤 08 新建图层，将"前景色"设置为"#56bbf6"，选择"钢笔工具" ，绘制出云朵路径，然后按【Ctrl+Enter】组合键将路径转换为选区，再按【Alt+Delete】组合键填充前景色，效果如图 9-7 所示。

步骤 09 双击云朵图层，在打开的"图层样式"对话框左侧单击选中"斜面和浮雕"复选框，设置"深度""大小""软化"分别为"100""5""0"，再设置"阴影模式"的颜色为"#0068a5"，如图 9-8 所示。

步骤 10 单击选中"内发光"复选框，设置"杂色""颜色""大小""范围"分别为"0""#ffffbe""5""50"，如图 9-9 所示。

步骤 11 单击选中"光泽"复选框，设置"颜色""不透明度""角度""距离""大小"分别为"#ffffff""50""19""11""14"，如图 9-10 所示。

图9-7 绘制云朵形状

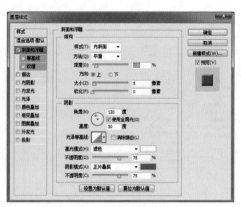

图9-8 设置斜面和浮雕参数

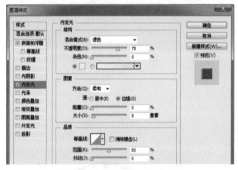

图9-9 设置内发光参数

图9-10 设置光泽参数

步骤⑫ 单击选中"外发光"复选框，设置"不透明度""杂色""扩展""大小"分别为"50""0""8""35"，单击 确定 按钮，如图9-11所示。

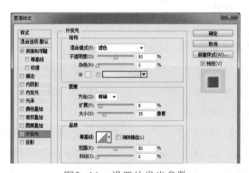

图9-11 设置外发光参数

步骤⑬ 选择"横排文字工具" **T**，在工具属性栏中设置"字体"为"方正兰亭刊黑_GBK"、"文本颜色"为"#504d4d"，在形状下方输入"| 云端汽车服务 |"文字，并设置文字的大小和位置，完成后的效果如图9-12所示。

步骤⑭ 完成后按【Ctrl+S】组合键保存文件（配套资源 : \效果\第9章\今日头条账号头像.psd）。

9.1.2 今日头条推送广告设计

当需要在今日头条中推送广告时，可根据推送内容进行广告的设计，再对完成后的广告进行推送。本例将制作零食促销的推送广告，该广告以黑色作为背景色，以不同红色的叠加

图9-12 完成后的效果

来提升整体效果的设计感，再配上推送文字和产品信息，达到说明广告内容的目的，具体操作如下。

步骤 01 新建大小为"4630 像素 × 2088 像素"，分辨率为"72 像素 / 英寸"，名称为"今日头条推送广告"的图像文件。

步骤 02 打开"今日头条推送广告背景 .jpg"素材文件（配套资源：\ 素材 \ 第 9 章 \ 今日头条推送广告背景 .jpg），将其拖动到文件中，调整素材的位置和大小，效果如图 9-13 所示。

步骤 03 新建图层，将"前景色"设置为"#de1602"，选择"钢笔工具" ，绘制出底纹路径，然后按【Ctrl+Enter】组合键将路径转换为选区，并按【Alt+Delete】组合键填充前景色，效果如图 9-14 所示。

图9-13 添加背景素材

图9-14 绘制底纹路径

步骤 04 使用相同的方法，新建图层，将"前景色"设置为"#a3180a"，选择"钢笔工具" ，绘制出另一个底纹路径，然后按【Ctrl+Enter】组合键将路径转换为选区，并按【Alt+Delete】组合键填充前景色，效果如图 9-15 所示。

步骤 05 双击新绘制的底纹图层，在打开的"图层样式"对话框左侧单击选中"内阴影"复选框，设置"颜色""距离""大小"分别为"#df9153""39""150"，如图 9-16 所示。

图9-15 绘制底纹路径

图9-16 设置内阴影参数

步骤 06 单击选中"颜色叠加"复选框，设置"颜色""不透明度"分别为"#fc500c""100"，单击 确定 按钮如图 9-17 所示。

步骤 07 使用相同的方法，新建图层，将"前景色"设置为"#df9153"，选择"钢笔工具" ，在最下方绘制出底纹路径，然后按【Ctrl+Enter】组合键将路径转换为选区，并按【Alt+Delete】组合键填充前景色，效果如图 9-18 所示。

图9-17　设置颜色叠加参数

图9-18　绘制底纹路径

步骤 08 选择"椭圆工具" ，在图像的上方绘制 3 个不同大小的正圆，并在工具属性栏中设置"填充"分别为"#de1602""#df9153"，效果如图 9-19 所示。

步骤 09 打开"今日头条推送广告素材 .psd"素材文件（配套资源：\ 素材 \ 第 9 章 \ 今日头条推送广告素材 .psd），将树叶和零食素材拖动到图像中，调整素材的大小和位置，效果如图 9-20 所示。

图9-19　绘制3个不同大小的正圆

图9-20　添加素材

步骤 10 双击零食图层，在打开的"图层样式"对话框左侧单击选中"投影"复选框，设置"距离""扩展""大小"分别为"37""7""87"，单击 确定 按钮，如图 9-21 所示。

步骤 11 选择"直排文字工具" ，依次输入"零""食""大""礼""包"文字，在工具属性栏中设置"字体"为"方正平和简体"、"文本颜色"为"#ecc493"，调整文字的大小和位置，选中所有文字图层，栅格化图层，然后按【Ctrl+E】组合键组合图层，效果如图 9-22 所示。

图9-21　设置投影参数

图9-22　输入文字

步骤⑫ 在打开的"今日头条推送广告素材 .psd"素材文件中，将金色背景素材拖动到图像中，调整其大小和位置，按【Ctrl+Alt+G】组合键创建剪贴蒙版，效果如图 9-23 所示。

步骤⑬ 选择"直排文字工具" |T，，输入图 9-24 所示的文字，在工具属性栏中设置"字体"为"汉仪细中圆简"、"文本颜色"为"#ffee5a""#fffdfb"，调整文字的大小和位置。

图9-23　添加素材并创建剪贴蒙版　　　　　图9-24　输入文字并添加素材

步骤⑭ 在打开的"今日头条推送广告素材 .psd"素材文件中，将印章素材拖动到图像中，调整其大小和位置。

步骤⑮ 选择"圆角矩形工具" ▢，在"低至五折起"文字处绘制一个"230 像素 × 1000 像素"的圆角矩形，并在工具属性栏中设置"描边"为"#fff100，6 点"，效果如图 9-25 所示。

步骤⑯ 完成后按【Ctrl+S】组合键保存文件，完成本例的制作。发布的推送广告效果如图 9-26 所示（配套资源：\ 效果 \ 第 9 章 \ 今日头条推送广告 .psd）。

图9-25　绘制圆角矩形　　　　　　　图9-26　发布的推送广告效果

9.2 微博的设计与制作

　　微博是一种基于用户间信息分享、传播以及获取的社交媒体、网络平台。微博允许用户通过 PC 端、移动端等终端接入，以文字、图片、视频等多媒体形式，来实现信息的即时分享、传播互动。下面将对微博头像、微博九宫格广告进行设计。

9.2.1　微博头像设计

　　微博头像与今日头条账号头像的设计方法相同，除了可使用拍摄的照片外，还可使用企业的标志或是绘制的形状。本实例将制作某通信公司的微博头像，在设计时以球体作为标准主体，加上企业的名称，即可完成头像的设计，具体操作如下。

微博头像设计

步骤 01 新建大小为"1000 像素 ×750 像素"，分辨率为"72 像素 / 英寸"，名称为"微博头像"的图像文件。

步骤 02 选择"椭圆工具" ⬭ ，在文件中间区域绘制一个"315 像素 ×315 像素"的正圆，然后在工具属性栏中设置"描边"为"#100964，10 点"，效果如图 9-27 所示。

步骤 03 选择"椭圆工具" ⬭ ，分别绘制"315 像素 ×315 像素"和"400 像素 ×400 像素"的正圆，然后在工具属性栏中设置"填充"为"#0b3d75"，同时选中绘制的两个圆，按【Ctrl+E】组合键合并圆，效果如图 9-28 所示。

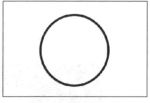

图9-27　绘制正圆

图9-28　合并圆

步骤 04 选择"路径选择工具" ▸ ，调整两个圆的位置，选中最上层的圆，然后在工具属性栏中单击"路径操作"按钮 ▣ ，在打开的下拉列表框中选择"减去顶层形状"选项，此时可发现上层圆覆盖的区域已经消失，如图 9-29 所示。

步骤 05 单击"路径操作"按钮 ▣ ，在打开的下拉列表框中选择"合并形状组件"选项，对圆中多余的线条进行删除，然后将形状拖动到圆的下方，完成月牙形状的绘制，如图 9-30 所示。

步骤 06 使用相同的方法，绘制出其他月牙形状，并设置它们的填充颜色分别为"#00479d""#348bf3"，效果如图 9-31 所示。

步骤 07 选择"矩形工具" ▢ ，绘制一个"62 像素 ×305 像素"的矩形，并在工具属性栏中设置"填充"为"#2b65aa"，然后将矩形倾斜显示。选中矩形，按【Ctrl+T】组合键使其呈可变形状态，单击鼠标右键，在弹出的快捷菜单中执行"变形"命令，如图 9-32 所示。

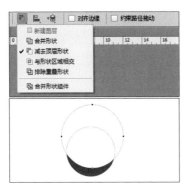

图9-29 减去顶层形状

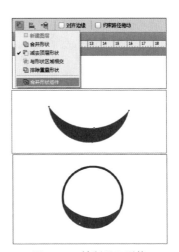

图9-30 绘制月牙形状

图9-31 绘制其他月牙形状

图9-32 绘制并变形矩形

步骤 08 此时可发现图形呈九宫格显示,将鼠标指针移动到九宫格的中间部分并向右进行拖动,对形状进行变形,完成后按【Enter】键完成变形,如图 9-33 所示。

步骤 09 使用相同的方法,绘制出其他矩形并变形,然后设置它们的填充颜色为"#596ff2"。

步骤 10 使用与前面相同的方法,绘制出月牙形状和矩形并变形,然后设置它们的填充颜色分别为"#033f87""#7e89d0""#9ca9f7""#69a0e1",效果如图 9-34 所示。

步骤 11 选中下层的正圆,将其图层拖动到最上层,然后选择"椭圆工具" ,在图像中间区域绘制一个"400 像素 ×400 像素"的正圆,然后在工具属性栏中设置"描边"为"#dde1fa,15 点",效果如图 9-35 所示。

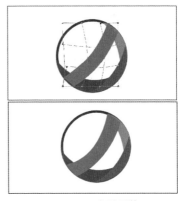

图9-33 变形形状

图9-34　绘制月牙形状和矩形　　　　图9-35　绘制正圆

步骤 ⑫ 选择"钢笔工具" ，在圆的上方绘制路径，效果如图 9-36 所示。

步骤 ⑬ 选择"横排文字工具" ，在工具属性栏中设置"字体"为"汉仪细中圆简"、"文本颜色"为"#00479d"，在形状的左侧单击输入"Network communication"文字，然后调整文字间的间距，并单击"全部大写字母"按钮 ，将字母大写显示，效果如图 9-37 所示。

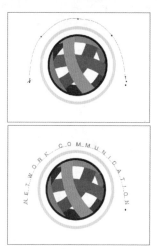

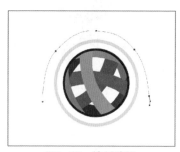

图9-36　绘制路径　　　　　　　　图9-37　输入文字

步骤 ⑭ 选择"矩形工具" ，在工具属性栏中设置"填充"为"#dde1fa"，在形状的下方绘制一个"545 像素 ×100 像素"的矩形。

步骤 ⑮ 选择"横排文字工具" ，在工具属性栏中设置"字体"为"汉仪细中圆简"、"文本颜色"为"#00479d"，调整文字的大小和位置，效果如图 9-38 所示。

图9-38　输入文字

步骤 ⑯ 完成后按【Ctrl+S】组合键保存文件，完成本例的制作。发布的推送广告效果如图 9-39 所示（配套资源：\ 效果 \ 第 9 章 \ 微博头像 .psd）。

图9-39　发布的推送广告后效果

9.2.2　微博九宫格广告设计

在微博中，除了可以发布简单的事件外，还可以进行商品的推广，在推广时常以九宫格的方式展现广告信息。本例将制作新年促销的商品九宫格广告，在设计上以新年红为主色，然后添加商品图片和促销文字，以更好地展现促销内容，具体操作如下。

微博九宫格广告设计

步骤 ① 新建大小为"500 像素 ×500 像素"，分辨率为"72 像素 / 英寸"，名称为"微博广告 1"的图像文件。

步骤 ② 将"前景色"设置为"#b40202"，按【Alt+delete】组合键填充前景色，选择"矩形工具" ▢，在工具属性栏中设置"填充""#ffffff"，在图像左侧绘制一个"330 像素 ×447 像素"的矩形，效果如图 9-40 所示。

步骤 ③ 打开"微博主图 1 素材 .psd"素材文件（配套资源：\ 素材 \ 第 9 章 \ 微博主图 1 素材 .psd），将其中的祥云素材拖动到文件中，调整素材的位置和大小。

步骤 ④ 新建图层，将"前景色"设置为"#000000"，选择"钢笔工具" ✐，在祥云处绘制路径，然后按【Ctrl+Enter】组合键将路径转换为选区，并按【Alt+Delete】组合键填充前景色，效果如图 9-41 所示。

图9-40　填充前景色并绘制矩形　　　　图9-41　添加祥云素材并绘制路径

步骤 05 执行【滤镜】/【模糊】/【高斯模糊】命令，打开"高斯模糊"对话框，设置"半径"为"5"，单击 确定 按钮，如图 9-42 所示。

步骤 06 新建图层，将"前景色"设置为"#c22d23"，选择"钢笔工具" ，在前一个路径形状上绘制路径，然后按【Ctrl+Enter】组合键将路径转换为选区，并按【Alt+Delete】组合键填充前景色，效果如图 9-43 所示。

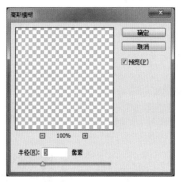

图9-42　设置高斯模糊半径　　　　　　图9-43　绘制另一个路径

步骤 07 双击路径形状所在图层，在打开的"图层样式"对话框左侧单击选中"描边"复选框，设置"大小""不透明度""渐变""角度"分别为"2""100""#efd4bc~#ffe4cb""0"，如图 9-44 所示。

步骤 08 单击选中"内阴影"复选框，设置"颜色""距离""阻塞""大小"分别为"#ffec50""45""12""54"，如图 9-45 所示。

图9-44　设置描边参数　　　　　　　　图9-45　设置内阴影参数

步骤09 单击选中"内发光"复选框，设置"颜色""大小""范围"分别为"#921519""3""50"，单击 **确定** 按钮，如图9-46所示。

步骤10 选择"横排文字工具" **T** ，输入"过年不打烊"文字，在工具属性栏中设置"字体"为"方正粗圆简体"、"文本颜色"为"**#ffffff**"，调整文字的大小和位置，效果如图9-47所示。

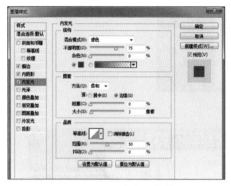

图9-46 设置内发光参数

图9-47 输入文字

步骤11 双击"过年不打烊"文字图层，在打开的"图层样式"对话框左侧单击选中"渐变叠加"复选框，设置"不透明度""渐变""角度"分别为"100""#fffe91~#faf5b6""90"，然后单击选中"投影"复选框，设置"角度""距离""大小"分别为"-45""1""1"，单击 **确定** 按钮，如图9-48所示。

步骤12 在打开的"微博主图1素材.psd"素材文件中，将其中的商品、花瓣、边框素材拖动到文件中，调整素材的位置和大小，效果如图9-49所示。

步骤13 选择"圆角矩形工具" **□** ，在路径形状的中间区域绘制一个"180像素×142像素"的圆角矩形，并在工具属性栏中设置"填充"为"#015566"、"描边"为"#ffe9af, 3点"，效果如图9-50所示。

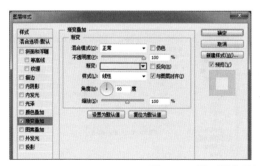

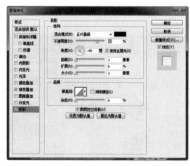

图9-48 设置渐变叠加和投影参数

步骤14 选择"横排文字工具" **T** ，输入图9-51所示的文字，在工具属性栏中设置"字体"为"方正大黑简体"、"文本颜色"分别为"#ffe9af""#ffffff""#cf0202"，调整文字的大小和位置。

图9-49　添加素材

图9-50　绘制圆角矩形

图9-51　输入文字

步骤 15 选择"圆角矩形工具" ◻ ，在"津贴优惠券更划算"文字处绘制一个圆角矩形，并在工具属性栏中设置"填充"为"#ffffff"，效果如图 9-52 所示。

步骤 16 双击圆角矩形所在图层，打开"图层样式"对话框，单击选中"渐变叠加"复选框，设置"渐变"为"#fff0c9~#ffeb8f"，单击 确定 按钮，如图 9-53 所示。

图9-52　绘制圆角矩形

图9-53　设置渐变叠加参数

步骤 17 选择"矩形工具" ◻ ，在图像下方分别绘制"435 像素 ×90 像素"和"435 像素 ×25 像素"的矩形，在工具属性栏中分别设置"填充"为"#014e5d""#0296bb"，效果如图 9-54 所示。

步骤⑱ 选中最上方的矩形，单击鼠标右键，在弹出的快捷菜单中执行"转换为智能对象"命令，将形状转换为智能对象。

步骤⑲ 执行【滤镜】/【模糊】/【高斯模糊】命令，打开"高斯模糊"对话框，设置"半径"为"15.3"，单击 **确定** 按钮，此时可发现矩形已经具有渐变效果，如图 9-55 所示。

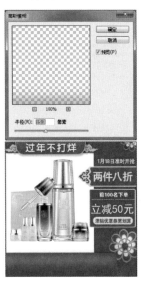

图9-54 绘制矩形　　　　　　图9-55 设置高斯模糊半径

步骤⑳ 选择"矩形工具" ▢，在工具属性栏中设置"填充"为"#ffe487"，在图像下方绘制一个"435 像素 ×4 像素"的矩形。

步骤㉑ 在打开的"微博主图 1 素材 .psd"素材文件中，将其中的波纹素材拖动到矩形中，调整素材的位置和大小，效果如图 9-56 所示。

步骤㉒ 新建图层，选择"钢笔工具" ✎，绘制图 9-57 所示的形状，按【Ctrl+Enter】组合键将路径转换为选区并将其颜色填充为 "#d40101"。

图9-56 添加素材　　　　　　图9-57 绘制形状

步骤 ㉓ 双击形状所在图层，打开"图层样式"对话框，单击选中"描边"复选框，设置"大小""颜色"分别为"3""#fddc87"，如图 9-58 所示。

步骤 ㉔ 单击选中"渐变叠加"复选框，设置"渐变"为"#af0303~#d70606"，如图 9-59 所示。

图9-58　设置描边参数

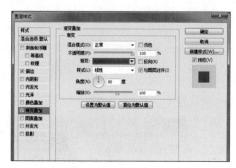

图9-59　设置渐变叠加参数

步骤 ㉕ 单击选中"投影"复选框，设置"角度""距离""大小"分别为"-45""5""30"，单击 [确定] 按钮，如图 9-60 所示。

步骤 ㉖ 选择"横排文字工具" T ，输入图 9-61 所示的文字，在工具属性栏中设置"字体"为"方正大黑简体"、"文本颜色"分别为"#fef3ce""#ffffff""#fdd28a"，调整文字的大小和位置。

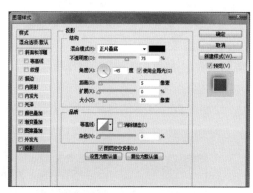

图9-60　设置投影参数

图9-61　输入文字

步骤 ㉗ 选择"圆角矩形工具" ，在"活动到手价"文字处绘制一个圆角矩形，并在工具属性栏中设置"填充"为"#015566"，如图 9-62 所示。

步骤 ㉘ 双击"298"文字所在图层，打开"图层样式"对话框，单击选中"渐变叠加"复选框，设置"渐变"为"#fdf5f1~#ffef80"，单击 [确定] 按钮，如图 9-63 所示。

步骤 ㉙ 完成后按【Ctrl+S】组合键保存文件，完成本例的制作，完成后的效果如图 9-64 所示（配套资源：\ 效果 \ 第 9 章 \ 微博广告 1.psd）。

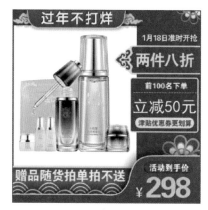

图9-62 绘制圆角矩形

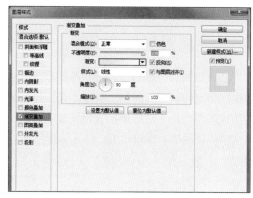

图9-63 设置渐变叠加参数

步骤 30 使用相同的方法制作出其他 8 张广告图片，查看完成后的效果，如图 9-65 所示（配套资源：\效果\第 9 章\微博广告 1.psd~ 微博广告 9.psd）。

步骤 31 完成后发布广告，发布后的效果如图 9-66 所示。

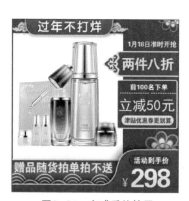

图9-64 完成后的效果

图9-65 完成后的效果

图9-66 发布后的效果

9.3 喜马拉雅的设计与制作

喜马拉雅是国内发展较快、规模较大的在线移动音频分享平台。喜马拉雅将有声小说、新闻谈话、综艺节目、相声评书小品、音乐节目等节目集中到一起，助力于实现信息的即时分享、传播互动以及各类节目的传播。下面将对喜马拉雅的焦点图宣传页、专辑或节目封面图、活动或专题封面图进行设计。

9.3.1 焦点图宣传页设计

焦点图宣传页一般位于喜马拉雅的首页，主要用于对某个节目进行推广和宣传。下面将制作收听小说的焦点图，在制作时以暗紫色的矢量图为背景，然后添加人物和说明文字，营造出宁静祥和的氛围，使整体效果更有吸引力，具体操作如下。

步骤 01 新建大小为"1182 像素 ×552 像素"，分辨率为"72 像素 / 英寸"，名称为"焦点图宣传页"的图像文件。

步骤 02 打开"焦点图宣传页素材 .psd"素材文件（配套资源：\ 素材 \ 第 9 章 \ 焦点图宣传页素材 .psd），将背景图层拖动到新建文件中，调整其位置和大小，效果如图 9-67 所示。

步骤 03 打开"人物素材 .psd"图像文件（配套资源：\ 素材 \ 第 9 章 \ 人物素材 .psd），将人物图层拖动到新建文件中，调整其位置和大小，效果如图 9-68 所示。

图9-67　添加背景

图9-68　添加人物

步骤 04 在背景图层上新建图层，设置"前景色"为"#172641"，选择"画笔工具"，在工具属性栏中设置画笔样式为"柔边圆"，然后在人物的底部进行拖动，制作的投影效果如图 9-69 所示。

步骤 05 选择"矩形工具"，在工具属性栏中取消填充，设置"描边"为"#ecf3fd,4 点"，绘制一个"1120 像素 ×500 像素"的矩形，效果如图 9-70 所示。

图9-69　制作投影

图9-70　绘制矩形

步骤 06 选择"横排文字工具"，在工具属性栏中设置"字体"为"方正经黑简体"、"文本颜色"为"#ffffff"，输入"很高兴你能来 在这个浮躁的世界"文字，调整文字的大小和位置，效果如图 9-71 所示。

步骤 07 双击文字所在图层,打开"图层样式"对话框,单击选中"投影"复选框,设置"颜色""距离""扩展""大小"分别为"#8f9db5""5""24""9",单击 确定 按钮,如图 9-72 所示。

步骤 08 选择"圆角矩形工具" ▢ ,在工具属性栏中设置"填充"为"#ecf3fd",在文字的下方绘制一个"325 像素 ×57 像素"的圆角矩形。

步骤 09 选择"横排文字工具" **T** ,在工具属性栏中设置"字体"为"方正经黑简体"、"文本颜色"为"#213e5d",输入"点击收听更多图书"文字,调整文字的大小和位置,完成后的效果如图 9-73 所示。

图9-71 输入文字

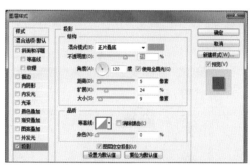

图9-72 设置投影参数

步骤 10 完成后按【Ctrl+S】组合键保存文件,查看完成后的效果(配套资源:\效果\第9章\焦点图宣传页 .psd)。

图9-73 完成后的效果

9.3.2 制作专辑或节目封面图

在喜马拉雅中除了要对进行焦点图的设计外,还需要对节目或是专辑进行封面图的设计。本例将制作心理学节目的封面图,在制作时以黄色为背景,以唱盘形状为主要形状,然后在其上方输入文字,展现节目的主要内容,其具体操作如下。

制作专辑或节目封面图

步骤 01 新建大小为"640 像素 ×640 像素",分辨率为"72 像素 /英寸",名称为"专辑或节目封面图"的图像文件。

步骤 02 将"前景色"设置为"#fdde35",按【Alt+delete】组合键填充前景色,选择"椭圆工具" ⬭ ,在工具属性栏中设置填充颜色为"#383e46",绘制一个"640 像素 ×640 像素"的正圆,效果如图 9-74 所示。

步骤 03 栅格化圆图层,按住【Ctrl】键不放,载入圆选区,执行【选择】/【修改】/【收缩】命令,打开"收缩选区"对话框,设置"收缩量"为"30",单击 确定 按钮,如图 9-75 所示。

图9-74 绘制圆 　　　　　　　图9-75 设置收缩选区的收缩量

步骤 04 将"前景色"设置为"#090a0c"，执行【编辑】/【描边】命令，打开"描边"对话框，设置"宽度"为"2像素"，单击 确定 按钮，如图 9-76 所示。

步骤 05 使用相同的方法，收缩选区并添加描边，完成后将其拖动到图像下方，效果如图 9-77 所示。

图9-76 设置描边宽度 　　　　　　图9-77 收缩选区并添加描边

步骤 06 将"前景色"设置为"#ff5a00"，选择"魔棒工具"，在图 9-78 所示的圆圈处单击以创建选区，然后按【Alt+Delete】组合键填充前景色，使用相同的方法，创建出其他选区，并为它们填充颜色。

步骤 07 新建图层，选择"多边形套索工具"，在图像上绘制形状，然后将其颜色填充为"#ffffff"，然后设置其"不透明度"为"30%"，效果如图 9-79 所示。

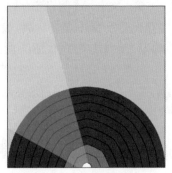

图9-78 创建选区 　　　　　　　图9-79 绘制形状

步骤 08 将"前景色"设置为"#383e46",新建图层,单击"渐变工具" ,打开"渐变编辑器"对话框,在"预设"栏中选择"前景色到透明渐变"选项,单击 确定 按钮,然后自下而上地添加渐变效果,然后设置其"不透明度"为"25%",如图 9-80 所示。

步骤 09 新建图层,将"前景色"设置为"#32332b",选择"钢笔工具" ,在形状上绘制"3"路径,然后按【Ctrl+Enter】组合键将路径转换为选区,并按【Alt+Delete】组合键填充前景色,效果如图 9-81 所示。

图9-80　添加渐变效果

图9-81　绘制路径并填充前景色

步骤 10 选择"横排文字工具" T ,输入图 9-82 所示的文字,在工具属性栏中设置"字体"为"方正品尚准黑简体",调整文字的大小、颜色和位置。

步骤 11 选择"椭圆工具" ,在工具属性栏中设置填充颜色分别为"#32332b""#cd5312",在文字右侧绘制两个不同颜色的正圆,然后将其移动到图像下方,效果如图 9-83 所示。

图9-82　输入文字

图9-83　绘制圆

步骤 12 选择"圆角矩形工具" ,在工具属性栏中设置"填充"为"#fd6160",在文字右侧绘制一个"257像素×76像素"的圆角矩形。

步骤13 选择"横排文字工具"⬚，输入"三点心理"文字，在工具属性栏中设置"字体"为"方正品尚准黑简体"，调整文字的大小、颜色和位置。

步骤14 完成后按【Ctrl+S】组合键保存文件，查看完成后的效果，如图9-84所示（配套资源:\效果\第9章\专辑节目封面图.psd）。

图9-84　完成后的效果

9.3.3　制作活动或专题封面图

在喜马拉雅中除了可以使用焦点图进行单个节目的宣传外，还可用活动或专题封面图来提升流量。本例将制作圣诞节的活动、专题封面图，在制作时以雪夜为场景，通过袜子、礼物、糖果将圣诞节的气息体现出来，然后在上方输入文字，以体现活动的主要内容，其具体操作如下。

制作活动或专题封面图

步骤01 新建大小为"1242像素×450像素"，分辨率为"72像素/英寸"，名称为"活动或专题封面图"的图像文件。

步骤02 打开"活动、专题封面图背景素材.jpg"素材文件（配套资源:\素材\第9章\活动、专题封面图背景素材.jpg），将背景图层拖动到新建文件中，调整其位置和大小，效果如图9-85所示。

步骤03 打开"圣诞节素材.psd"素材文件（配套资源:\素材\第9章\圣诞节素材.psd），将其中的素材拖动到背景中，调整素材的位置和大小，效果如图9-86所示。

图9-85　添加素材

图9-86　添加素材

步骤04 新建图层，将"前景色"设置为"#f1f1f2"，选择"钢笔工具"✎，在素材上绘制路径，然后按【Ctrl+Enter】组合键将路径转换为选区，并按【Alt+Delete】组合键填充前景色，效果如图9-87所示。

步骤05 使用相同的方法绘制出其他路径形状，并分别将它们的颜色填充为"#ffffff""#f1f1f2"，效果如图9-88所示。

步骤06 选择"横排文字工具"⬚，输入图9-89所示的文字，在工具属性栏中设置"字体"为"方正品尚准黑简体"，调整文字的大小、颜色和位置。

图9-87　绘制路径

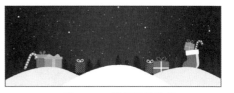

图9-88　绘制其他路径

步骤 07 选择"圆角矩形工具" ⬚ ，在工具属性栏中设置"填充"为"#e64d3d"，在"看看都有啥"文字处绘制一个圆角矩形，效果如图 9-90 所示。

图9-89　输入文字

图9-90　绘制圆角矩形

步骤 08 双击圆角矩形所在图层，打开"图层样式"对话框，单击选中"斜面和浮雕"复选框，然后再单击选中"投影"复选框，设置"距离""扩展""大小"分别为"2""0""0"，单击 确定 按钮，如图 9-91 所示。

步骤 09 完成后按【Ctrl+S】组合键保存文件，查看完成后的效果，如图 9-92 所示（配套资源：\效果 \ 第 9 章 \ 活动、专题封面图 .psd ）。

图9-91　设置图层样式

图9-92　完成后的效果

9.4 抖音和虎牙的直播设计与制作

　　抖音是一款可以拍摄短视频的音乐创意短视频社交软件，是很多自媒体创业人员的重要运营平台。而直播则是展现实体效果的主要方式，常用的直播平台有虎牙、花椒、淘宝直播等。本节将以抖音和虎牙直播为出发点，对抖音顶部展示图和虎牙直播专区Banner 的设计方法进行讲解。

9.4.1　抖音顶部展示图设计

抖音顶部展示图设计

吸引人的抖音账号除了需要有吸引力的视频外，还需要有好的顶部展示图片。好的顶部展示图效果不但能吸引用户进行查看，而且能起到宣传的作用。顶部展示图需要与所展示视频的类型息息相关，能够让用户直观知道所展示视频的内容。但需注意所展示视频中不能留下个人信息，或是有引导内容，否则会违反抖音规定，造成降权或是封号的结果。本例将制作音乐抖音账号的顶部展示图，该图以"音乐"为主题，在制作时以深蓝色为主色，通过墨点与音符的搭配，使整体效果不但有时尚感，而且将音乐的运动感体现了出来；中间用音乐碟和五线谱点明主题，具体操作如下。

步骤 01 新建大小为"1125 像素 ×633 像素"，分辨率为"72 像素 / 英寸"，名称为"抖音顶部展示图"的图像文件。

步骤 02 将前景色设置为"#020012"，按【Alt+delete】组合键填充前景色。

步骤 03 打开"顶部展示图背景素材 .psd"素材文件（配套资源：\ 素材 \ 第 9 章 \ 顶部展示图背景素材 .psd），将素材拖动到背景中，调整其位置和大小，并设置其"不透明度"为"80%"，效果如图 9-93 所示。

步骤 04 新建图层，选择"渐变工具" ，在工具属性栏中单击编辑器右侧的下拉按钮 ，在打开的下拉列表框中选择"从前景色到透明渐变"选项，然后自下而上地拖动鼠标以添加渐变效果，然后设置"不透明度"为"60%"，如图 9-94 所示。

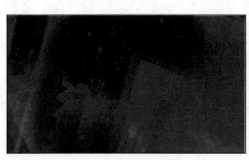

图9-93　添加背景素材　　　　　　　　图9-94　添加渐变效果

步骤 05 打开"顶部展示图装饰素材 .psd"素材文件（配套资源：\ 素材 \ 第 9 章 \ 顶部展示图装饰素材 .psd），将墨点素材拖动到背景中，调整其位置和大小，效果如图 9-95 所示。

步骤 06 选择"直线工具" ，在图像中间位置绘制 5 条颜色为"#02010e"的直线，效果如图 9-96 所示。

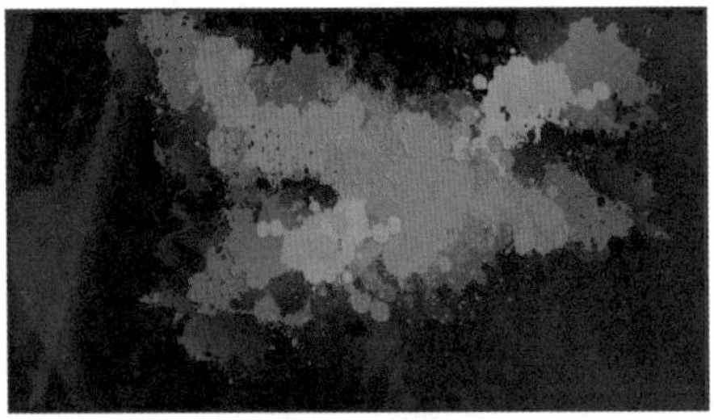

图9-95 添加装饰素材

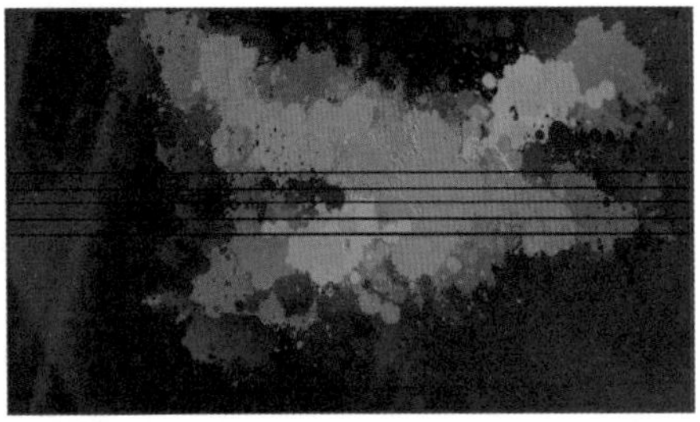

图9-96 绘制直线

步骤07 选择“椭圆工具”，在图像的中间区域绘制 3 个不同大小的正圆，并在工具属性栏中设置“填充”分别为“#030216”“#7a0104”“#ffffff”，效果如图 9-97 所示。

步骤08 在打开的“顶部展示图装饰素材 .psd”素材文件中，将音符素材拖动到背景中，调整其位置和大小，效果如图 9-98 所示。

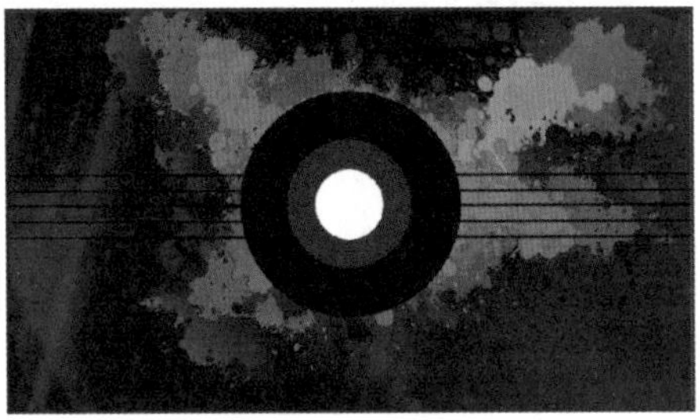

图9-97 绘制正圆

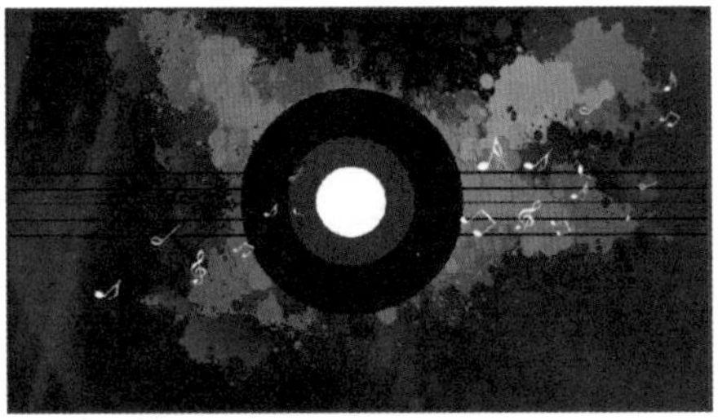

图9-98 添加音符素材

步骤09 选择“直排文字工具”，在图像中间区域输入“音乐”文字，在工具属性栏中设置“字体”为“方正康体简体”、“文本颜色”为“#000000”，调整文字的大小和位置，效果如图 9-99 所示。

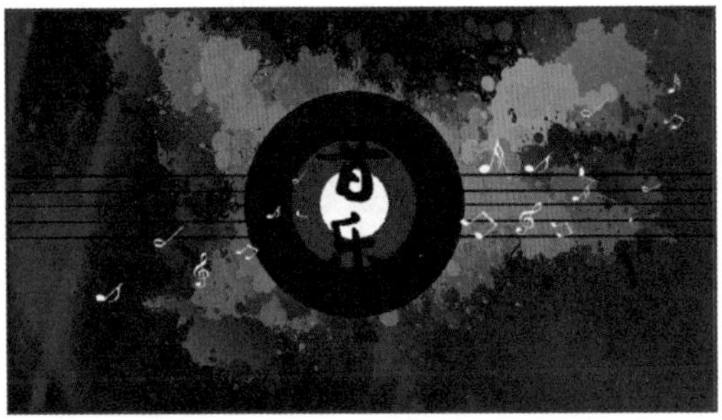

图9-99 输入“音乐”文字

步骤10 双击文字所在图层，打开“图层样式”对话框，单击选中“描边”复选框，设置“大小”“颜色”分别为“3”“#ffffff”，如图 9-100 所示。

步骤11 单击选中“投影”复选框，设置“颜色”“距离”“大小”分别为“#05035d”“10”“8”，单击 确定 按钮，设置后的效果如图 9-101 所示。

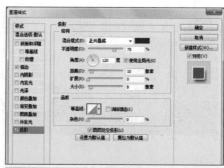

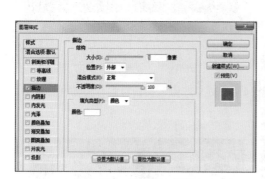

图9-100 设置描边参数　　　　　　　　图9-101 设置投影参数并查看效果

步骤 12 打开"调整"面板，单击"曲线"按钮 ，打开曲线"属性"面板，在中间的调整线上单击确定两点，向上拖动以增强整体效果的对比，如图 9-102 所示。

步骤 13 完成后按【Ctrl+S】组合键保存文件，完成本例的制作，完成后的效果如图 9-103 所示（配套资源：\ 效果 \ 第 9 章 \ 抖音顶部展示图 .psd）。

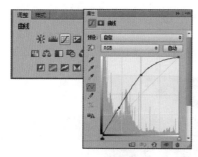

图9-102 增强对比　　　　　　　　　　图9-103 完成后的效果

9.4.2 虎牙直播专区Banner设计

虎牙直播以游戏直播为主，涵盖娱乐、综艺、教育、户外、体育等多种内容，是一个综合性视频直播平台。本例将制作虎牙直播一起看专区 Banner，该专区主要对电影、电视、新闻、短视频等精彩片段进行展示与解读，便于用户浏览与查看。一起看专区 Banner 位于该专区的顶部，起到宣传直播间的作用。本例将制作以"小熊

虎牙直播专区Banner设计

说电影"为主题的 Banner，通过椭圆、卡通人物、文字等元素，来体现直播主题，具体操作如下。

步骤 01 新建大小为"640 像素 ×246 像素"，分辨率为"72 像素 / 英寸"，名称为"虎牙直播专区 Banner"的图像文件。

步骤 02 将"前景色"设置为"#4b0172"，按【Alt+Delete】组合键填充前景色，效果如图 9-104 所示。

步骤 03 选择"椭圆工具"，在图像上绘制 3 个不同大小的椭圆，并在工具属性栏中设置"填充"分别为"#fdd501""#931784""#ff389f"，再将它们倾斜显示，效果如图 9-105 所示。

图9-104　填充前景色

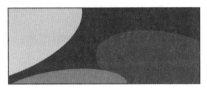

图9-105　绘制椭圆

步骤 04 打开"虎牙直播专区 Banner 素材 .psd"素材文件（配套资源:\ 素材 \ 第 9 章 \ 虎牙直播专区 Banner 素材 .psd），将素材拖动到背景中，调整素材的位置和大小，效果如图 9-106 所示。

步骤 05 双击动画人物所在图层，打开"图层样式"对话框，单击选中"描边"复选框，设置"大小""颜色"分别为"9""#ffffff"，如图 9-107 所示。

图9-106　添加素材

图9-107　设置描边参数

步骤 06 单击选中"投影"复选框，设置"不透明度""距离""扩展""大小"分别为"92""16""0""0"，单击 确定 按钮，设置后的效果如图 9-108 所示。

步骤 07 选择"横排文字工具"，输入"小熊说电影 爱电影的我们注定会相遇 ——"文字，在工具属性栏中设置"字体"为"方正剪纸 _GBK"，调整文字的大小、颜色和位置，效果如图 9-109 所示。

步骤 08 双击文字所在图层，打开"图层样式"对话框，单击选中"投影"复选框，设置"颜色""距离""扩展""大小"分别为"#4b0172""7""0""3"，单击 确定 按钮，如图 9-110 所示。

图9-108　设置投影参数

图9-109　输入文字

步骤 09　选择"圆角矩形工具" □，在工具属性栏中设置"填充"为"#4b0172"，在文字的下方绘制一个"150像素×40像素"的圆角矩形。

步骤 10　选择"横排文字工具" T，在圆角矩形上输入"点击查看>>>"文字，在工具属性栏中设置"字体"为"方正剪纸_GBK"，调整文字的大小、颜色和位置，效果如图9-111所示。

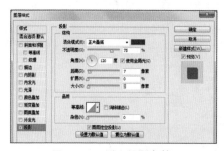

图9-110　设置投影参数

图9-111　输入文字

步骤 11　选择"椭圆工具" ○，在图像上绘制两个不同大小的圆，并在工具属性栏中设置"描边"为"#f0668f，3点"。

步骤 12　完成后按【Ctrl+S】组合键保存文件，完成本例的制作，完成后的效果如图9-112所示（配套资源：\效果\第9章\虎牙直播专区Banner.psd）。

图9-112　完成后的效果

9.5 实战案例

经过前面的学习，读者对今日头条、微博、喜马拉雅、抖音和虎牙直播等新媒体常用平台的设计方法有了一定的了解，接下来可通过实战案例巩固所学知识。

9.5.1 实战：制作旅行分享电台焦点图宣传页

实战目标

本实战将制作喜马拉雅中的旅行分享电台焦点图宣传页，该电台以分享旅行故事为主题，整个分享过程以轻松、畅聊的方式进行。在制作宣传页时，本实战采用旅行者拍摄照片的场景作为宣传页的背景，以契合电台的主题，再通过"最美的旅行"文字体现出对出去旅行的向往感，加深用户想点进去收听的急迫感，完成后的参考效果如图 9-113 所示。

制作旅行分享电台
焦点图宣传页

图9-113 完成后的效果

实战思路

根据实战目标，下面对旅行分享电台焦点图宣传页进行制作。

步骤 01 新建大小为"1182 像素 ×552 像素"，分辨率为"72 像素 / 英寸"，名称为"旅行分享电台焦点图宣传页"的图像文件。

步骤 02 打开"旅行分享电台焦点图宣传页素材 .psd"素材文件（配套资源：\ 素材 \ 第 9 章 \ 旅行分享电台焦点图宣传页素材 .psd），将背景图层拖动到新建文件中，调整其位置和大小，效果如图 9-114 所示。

步骤 03 在背景图层上新建图层，设置"前景色"为"#010001"，按【Alt+Delete】组合键填充前景色，然后设置"不透明度"为"20%"，效果如图 9-115 所示。

步骤 04 选择"矩形工具" ⬜，在工具属性栏中取消填充，设置"描边"为"#ffffff, 3 点"，绘制一个"1100 像素 ×495 像素"的矩形，效果如图 9-116 所示。

步骤 05 选择"椭圆工具" ⬭，在图像左侧绘制一个"330 像素 ×330 像素"的正圆，并在工具属性栏中设置"描边"为"#ffffff, 3 点"，效果如图 9-117 所示。

图9-114　添加素材

图9-115　填充前景色并设置不透明度

图9-116　绘制矩形

图9-117　绘制正圆

步骤 06 选择"直排文字工具" **T**，在工具属性栏中设置字体为"方正大黑简体"、"文本颜色"为"#ffffff"，输入图 9-118 所示的文字，调整文字的大小和位置。

步骤 07 选择"矩形工具" **□**，在"点击收听旅行中的故事"文字处绘制一个矩形，并在工具属性栏中设置"填充"为"#024a27"，效果如图 9-119 所示。

步骤 08 选中圆所在图层，单击"添加图层蒙版"按钮 **□**，为图层添加图层蒙版，设置"前景色"为"#000000"，选择"画笔工具" **✐**，对文字处的圆进行涂抹，以隐藏该部分，完成后的效果如图 9-120 所示。

图9-118　输入文字

图9-119　绘制矩形

步骤 09 完成后按【Ctrl+S】组合键保存文件，完成制作（配套资源：\效果\第9章\电台焦点图宣传页 .psd）。

图9-120　完成后的效果

9.5.2 实战：制作晚间节目封面图

实战目标

本实战将制作喜马拉雅晚间节目封面图，该节目以分享生活故事为主题，整个节目过程以轻松、安静的方式进行，在制作晚间节目封面图时，需要体现出孤独、夜话、晚上等标签内容。本例在制作时，以夜晚中的街道为背景，通过"晚安，我对你说"文字来体现节目主题，完成后的参考效果如图9-121所示。

图9-121 完成后的效果

制作晚间节目封面图

实战思路

根据实战目标，下面对晚间节目封面图进行制作。

步骤01 新建大小为"640像素×640像素"，分辨率为"72像素/英寸"，名称为"晚间节目封面图"的图像文件。

步骤02 打开"晚间节目封面图素材.psd"素材文件（配套资源：\素材\第9章\晚间节目封面图素材.psd），将背景图层拖动到新建文件中，调整其位置和大小，效果如图9-122所示。

步骤03 打开"调整"面板，单击"亮度/对比度"按钮，打开亮度/对比度"属性"面板，设置"亮度""对比度"分别为"12""44"，如图9-123所示。

图9-122 添加素材

图9-123 设置亮度/对比度

步骤 04 在"调整"面板中，单击"色彩平衡"按钮，打开色彩平衡"属性"面板，设置"青色""洋红""黄色"分别为"+10""+11""+53"，如图 9-124 所示。

步骤 05 在"调整"面板中，单击"色阶"按钮，打开色阶"属性"面板，设置色阶值分别为"35""1.31""255"，设置后的效果如图 9-125 所示。

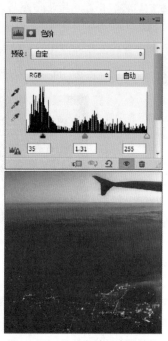

图9-124　设置色彩平衡　　　　　　　图9-125　设置色阶并查看效果

步骤 06 新建图层，设置"前景色"为"#010001"，按【Alt+Delete】组合键填充前景色，然后修改"不透明度"为"40%"，效果如图 9-126 所示。

步骤 07 选择"矩形工具"，在工具属性栏中取消填充，设置"描边"为"#ffffff, 2 点"，绘制一个"500 像素 ×180 像素"的矩形，效果如图 9-127 所示。

图9-126　填充前景色并设置不透明度　　　　　图9-127　绘制矩形

步骤 ⑧ 选择"矩形工具" □,在工具属性栏中设置"填充"为"#000000",在矩形的中间绘制一个"467 像素 ×159 像素"的矩形,并设置其不透明度为"30%",效果如图 9-128 所示。

步骤 ⑨ 选择"横排文字工具" T,在工具属性栏中设置字体为"方正品尚细黑简体"、"文本颜色"为"#ffffff",输入图 9-129 所示的文字,调整文字的大小和位置。

图9-128 绘制矩形

图9-129 绘制矩形

步骤 ⑩ 选择"直线工具" ╱,在工具属性栏中取消填充,设置"描边"为"#ffffff,2 点",描边样式为第 2 种样式,然后在文字的中间绘制一条虚线,效果如图 9-130 所示。

步骤 ⑪ 选中白色矩形框所在图层,单击"添加图层蒙版"按钮 □,为图层添加图层蒙版,设置"前景色"为"#000000",选择"画笔工具" ╱,对文字处的矩形线进行涂抹以隐藏该部分,完成后的效果如图 9-131 所示。

步骤 ⑫ 完成后按【Ctrl+S】组合键保存文件,完成本例的制作(配套资源:\效果\第 9 章\晚间节目封面图 .psd)。

图9-130 绘制虚线

图9-131 完成后的效果

9.6 课后习题

（1）本习题将制作口罩的微博广告，在制作时先制作出不同形状的背景，然后添加素材并输入文字，完成后的参考效果如图9-132所示（配套资源：\素材\第9章\口罩.psd、\效果\第9章\口罩微博广告.psd）。

图9-132　口罩的微博广告

（2）本习题将进行虎牙直播户外专区的 Banner 设计。在制作时，以减肥为主题，先制作出背景，然后添加素材和文字，完成后的效果如图9-133所示（配套资源：\素材\第9章\虎牙直播户外专区 Banner 素材.psd、\效果\第9章\虎牙直播户外专区 Banner.psd）。

图9-133　虎牙直播户外专区Banner